AE 高等院校成人教育“十二五”规划教材

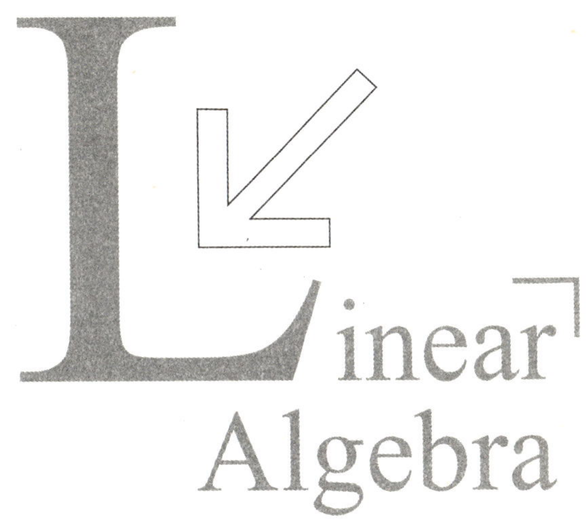

线性代数

主编 严希文

高等院校成人教育“十二五”规划教材
编审委员会

总序 FOREWORD.

党的十八大报告中指出：要积极发展继续教育，完善终身教育体系。继续教育是我国高等教育的重要组成部分，是传统学校教育向终身教育发展的一种新型教育制度。大力发展以成人教育为主的继续教育是提高劳动者素质、振兴经济和推进教育现代化的重要环节。国家实行继续教育制度，鼓励发展多种形式的继续教育，建立与完善终身教育体系，培养大批贴近社会、服务社会的各类应用型人才，对于加强社会主义精神文明建设，促进社会进步和经济发展，都将起到十分重要的作用。

按照教育部关于成人高等教育人才的培养目标，构建适用的教材体系，是成人高等教育在新形势下继续发展不可缺少的一环。经过编审委员会、作者和出版社的共同努力，“高等院校成人教育‘十二五’规划教材”将陆续出版，我向他们表示诚挚的祝贺和感谢。

综观这套系列教材，具有以下特点：

一是体例新颖。在每章开篇给出明确的学习目标与重点难点提示，涵盖教学大纲的重点或主要内容。教材中充分考虑到学生学习时可能遇到的问题，给他们以提示和建议。在章后和书后分别设置“同步测练与解析”和“综合测练与解析”栏目，涵盖本章及本书的重要知识点，并给出详尽的参考答案，对难题进行分析点评，列出解题思路与要点，以方便学生自学自测。

二是内容丰富、形式多样。教材内容既有基础知识、基本理论，又有基本技能的展示；既注重基本原理与应用知识的传授，又将纸质教材与多媒体教学资源、网络资源相结合，将与课程内容相关的法律法规、工具模板、操作范例等以多媒体网络资源的形式提供给学生。

三是实用性强。遵循成人高等教育人才培养模式与教学规律，在教材的编写上将理论与实际紧密结合，注重案例的引入，教材中尽可能多地安排案例，并进行详细的分析讲解。旨在通过案例教学，对课程重点难点进行深化分析和实操训练，加强学生对知识点的理解和记忆，强化学生分析问题、解决问题以及动手操作的能力。

在此，我相信"高等院校成人教育'十二五'规划教材"的出版，对湖南建设教育强省这一目标的实现必将起到积极的推动作用。同时，继续教育教材建设是一项系统工程，尚处在起步阶段，缺乏足够的经验，肯定存在许多问题。各院校在使用教材过程中有什么问题和建议，请及时反馈编委会，以便改进编写工作，真正把我省成人教育的教材建设提高到一个新的水平。

湖南省教育厅副厅长：申纪云

前言 PREFACE.

“线性代数”是理工农医及经管类成人高等教育各专业的一门重要的基础理论课程，“线性代数”的教学对于各专业后续专业课程的学习及合格专门人才的培养起着非常重要的作用，而一本好的《线性代数》教材是促进该课程教学、提高教学质量和实现教学目标的重要保障。

我们在成人教育教学过程中常常感到，由于受教材内容、学生认识能力、教学时数等诸多因素的影响，有些问题在课堂上顾不上讲，有的又暂时不宜讲解，有的虽能讲到，教材上又缺少相应归纳总结而不便学生复习和掌握。因此，编写一本能够紧密结合成人高等教育实际，遵循成人高等教育对“线性代数”课程的基本要求，在“教”与“学”两方面满足本、专科层次成人高等教育的教学需求，既方便教学，又能帮助学生深入理解基本概念和基本理论，牢固掌握基本运算技能，适应性和针对性较强的成人高等教育《线性代数》教材，是我们长期以来的一个愿望。

近年来，我们结合自己三十年成人高等教育“线性代数”课程教学经验，在对课堂教学讲义进行反复修改的基础上，编写了这本适合成人教育的《线性代数》教材，编排上采取“内容提要与基本要求—基本内容叙述—典型例题解析—本章基本知识体系小结—习题”的章节结构，与之相适应的教学环节是“预习—系统面授—每章归纳总结—同步练习”，并配有适量习题，难易恰当。教材具有科学性、系统性和渐进性，同时做到语言通俗，叙述清楚，为方便学生自学和全面复习考试，特别配有模拟考试试题及解答。

本教材主要教学内容包括：行列式、矩阵、向量组与矩阵、线性方程组、特征值与二次型、线性空间与线性变换等。

本书为理工农医类和经管类成人学历教育(成人教育、网络教育、电视大学、自学考试)高升本、专升本、专科通用教材,也可作为高职高专理工类和经管类参考教材。

全书由中南大学严希文任主编,黄帅、肖晶妮任副主编,参加编写的还有陈芳霞、黄素平、史舒悦、王芬。

由于编者水平有限,时间仓促,不足之处在所难免,恳请广大读者批评指正。

编　者

CONTENTS. 目录

第一章
行列式

行列式是指由 $n \times n$ 个数排列成 n 行 n 列所得到的一个式子，它实质上表示把这些数按一定的规则进行运算，其结果为一个确定的数.

本章从解二元和三元线性方程组入手引入二阶和三阶行列式的概念，在此基础上给出 n 阶行列式的概念、基本性质和计算方法，最后给出求解线性方程组的一种方法——克莱姆(Cramer)法则.

内容提要	二、三阶行列式，n 阶行列式，特殊行列式，行列式的性质，行列式求值，克莱姆法则
基本要求	1. 了解行列式的概念，掌握行列式的性质； 2. 会应用行列式的性质和行列式按行(列)展开的定理计算行列式； 3. 了解克莱姆(Gramer)法则，会用克莱姆法则求解非齐次线性方程组
重点难点	重点：行列式的性质，行列式按行(列)展开定理，克莱姆法则； 难点：行列式求值

第一节　二、三阶行列式

一、二阶行列式

行列式的概念来源于初等数学中线性方程组的求解问题. 设有二元一次线性方程组

$$\begin{cases} a_{11}x_1 + a_{12}x_2 = b_1 \\ a_{21}x_1 + a_{22}x_2 = b_2 \end{cases} \tag{1-1}$$

由消元法可求得，当 $a_{11}a_{22}-a_{12}a_{21}\neq 0$ 时，方程组(1-1)的解为

$$x_1=\frac{b_1a_{22}-a_{12}b_2}{a_{11}a_{22}-a_{12}a_{21}},\ x_2=\frac{a_{11}b_2-b_1a_{22}}{a_{11}a_{22}-a_{12}a_{21}} \tag{1-2}$$

根据线性方程组解的特点，为便于记忆，我们引入记号

$$\begin{vmatrix} a_{11} & a_{12} \\ a_{21} & a_{22} \end{vmatrix} \tag{1-3}$$

并称这个两行两列的式子为二阶行列式，其值为 $a_{11}a_{22}-a_{12}a_{21}$，即

$$D=\begin{vmatrix} a_{11} & a_{12} \\ a_{21} & a_{22} \end{vmatrix}=a_{11}a_{22}-a_{12}a_{21}$$

注意　在这里，符号“| |”不是初等数学中的绝对值运算符.

行列式(1-3)中 $a_{ij}(i,\ j=1,\ 2)$ 称为行列式的元素(或元)，其中 a_{ij} 的第一、二个下标分别叫做行标和列标，表示元素 a_{ij} 位于行列式的第 i 行第 j 列.

如图 1-1，二阶行列式的值就等于主对角线(图中实线所示)上两元素之积-副对角线(图中虚线所示)上两元素之积.

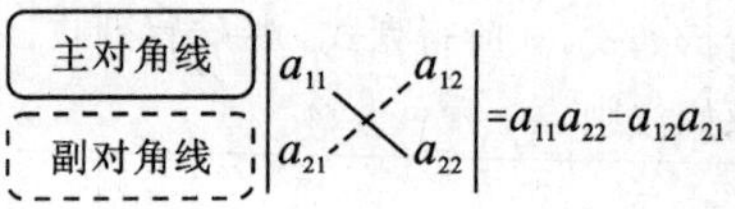

图 1-1

例 1.1　行列式

$$\begin{vmatrix} 1 & 3 \\ 2 & 7 \end{vmatrix}=1\times 7-3\times 2=1$$

利用二阶行列式的定义，式(1-2)可表示成为

$$x_1=\frac{\begin{vmatrix} b_1 & a_{12} \\ b_2 & a_{22} \end{vmatrix}}{\begin{vmatrix} a_{11} & a_{12} \\ a_{21} & a_{22} \end{vmatrix}},\ x_2=\frac{\begin{vmatrix} a_{11} & b_1 \\ a_{21} & b_2 \end{vmatrix}}{\begin{vmatrix} a_{11} & a_{12} \\ a_{21} & a_{22} \end{vmatrix}}$$

若记

$$D=\begin{vmatrix} a_{11} & a_{12} \\ a_{21} & a_{22} \end{vmatrix},\ D_1=\begin{vmatrix} b_1 & a_{12} \\ b_2 & a_{22} \end{vmatrix},\ D_2=\begin{vmatrix} a_{11} & b_1 \\ a_{21} & b_2 \end{vmatrix}$$

则当 $D\neq 0$ 时，线性方程组(1-1)的解可表示为

$$x_1=\frac{D_1}{D},\ x_2=\frac{D_2}{D}$$

例 1.2　解线性方程组

$$\begin{cases}x_1+2x_2=5\\3x_1-x_2=1\end{cases}$$

解　由于

$$D=\begin{vmatrix}1 & 2\\3 & -1\end{vmatrix}=1\times(-1)-2\times3=-7\neq0$$

$$D_1=\begin{vmatrix}5 & 2\\1 & -1\end{vmatrix}=5\times(-1)-2\times1=-7$$

$$D_2=\begin{vmatrix}1 & 5\\3 & 1\end{vmatrix}=1\times1-5\times3=-14$$

因此，方程组的解为

$$x_1=\frac{D_1}{D}=\frac{-7}{-7}=1,\ x_2=\frac{D_2}{D}=\frac{-14}{-7}=2$$

二、三阶行列式

类似于对二元线性方程组(1－1)的求解，为求解三元一次线性方程组

$$\begin{cases}a_{11}x_1+a_{12}x_2+a_{13}x_3=b_1\\a_{21}x_1+a_{22}x_2+a_{23}x_3=b_2\\a_{31}x_1+a_{32}x_2+a_{33}x_3=b_3\end{cases}\tag{1-4}$$

我们引入三阶行列式的记号

$$\begin{vmatrix}a_{11} & a_{12} & a_{13}\\a_{21} & a_{22} & a_{23}\\a_{31} & a_{32} & a_{33}\end{vmatrix}$$

它是一个三行三列的式子，其值为

$$a_{11}a_{22}a_{33}+a_{12}a_{23}a_{31}+a_{13}a_{21}a_{32}-a_{11}a_{23}a_{32}-a_{12}a_{21}a_{33}-a_{13}a_{22}a_{31}$$

三阶行列式的值也可由对角线法求得. 如图(1－2)，三阶行列式的值，即主对角线各平行线上三个元素的积之和，减去次对角线各平行线上三个元素的积之和.

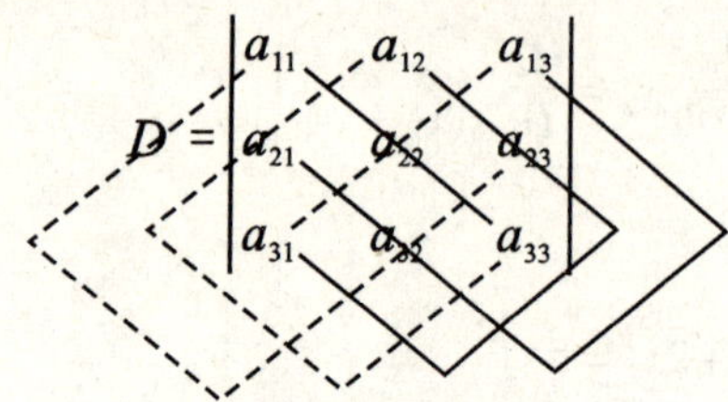

$$=a_{11}a_{22}a_{33}+a_{12}a_{23}a_{31}+a_{13}a_{21}a_{32}-a_{13}a_{22}a_{31}-a_{12}a_{21}a_{33}-a_{11}a_{23}a_{32}$$

图 1-2

例 1.3 三阶行列式

$$D=\begin{vmatrix} 1 & -2 & 1 \\ 2 & 1 & 3 \\ -1 & 1 & -1 \end{vmatrix}=1\times1\times(-1)+(-2)\times3\times(-1)+1\times2\times1-1$$
$$\times3\times1-(-2)\times2\times(-1)-1\times1\times(-1)=1$$

现在回到对三元一次线性方程组的求解. 由消元法可得，当线性方程组(1-4)的系数行列式

$$D=\begin{vmatrix} a_{11} & a_{12} & a_{13} \\ a_{21} & a_{22} & a_{23} \\ a_{31} & a_{32} & a_{33} \end{vmatrix}\neq0$$

时，该方程组有唯一解

$$x_1=\frac{D_1}{D},\ x_2=\frac{D_2}{D},\ x_3=\frac{D_3}{D}$$

其中，D_j 是把 D 中第 j 列换成常数项 b_1，b_2，b_3 后所得的行列式，即

$$D_1=\begin{vmatrix} b_1 & a_{12} & a_{13} \\ b_2 & a_{22} & a_{23} \\ b_3 & a_{32} & a_{33} \end{vmatrix},\ D_2=\begin{vmatrix} a_{11} & b_1 & a_{13} \\ a_{21} & b_2 & a_{23} \\ a_{31} & b_3 & a_{33} \end{vmatrix},\ D_3=\begin{vmatrix} a_{11} & a_{12} & b_1 \\ a_{21} & a_{22} & b_2 \\ a_{31} & a_{32} & b_3 \end{vmatrix}$$

例 1.4 解线性方程组

$$\begin{cases} x_1-2x_2+x_3=-1 \\ 2x_1+x_2+3x_3=2 \\ -x_1+x_2-x_3=0 \end{cases}$$

解 由例 1.3，方程组的系数行列式

$$D=\begin{vmatrix}1 & -2 & 1\\2 & 1 & 3\\-1 & 1 & -1\end{vmatrix}=1\neq 0$$

又

$$D_1=\begin{vmatrix}-1 & -2 & 1\\2 & 1 & 3\\0 & 1 & -1\end{vmatrix},\ D_2=\begin{vmatrix}1 & -1 & 1\\2 & 2 & 3\\-1 & 0 & -1\end{vmatrix},\ D_3=\begin{vmatrix}1 & -2 & -1\\2 & 1 & 2\\-1 & 1 & 0\end{vmatrix}$$

计算可得

$$D_1=2,\ D_2=1,\ D_3=-1$$

因此，方程组的解为

$$x_1=\frac{D_1}{D}=2,\ x_2=\frac{D_2}{D}=1,\ x_3=\frac{D_3}{D}=-1$$

第二节　n阶行列式

为了讨论 n 元线性方程组的解，类似于前面对二、三阶行列式的定义，我们引入 n 阶行列式的记号

$$\begin{vmatrix}a_{11} & a_{12} & \cdots & a_{1n}\\a_{21} & a_{22} & \cdots & a_{2n}\\\cdots & \cdots & \cdots & \cdots\\a_{n1} & a_{n2} & \cdots & a_{nn}\end{vmatrix}$$

它是由 $n\times n$ 个数 $a_{ij}(i,j=1,2,\cdots,n)$ 排列成 n 行 n 列的式子. 其中，a_{ij}是行列式位于第 i 行第 j 列的元素.

二阶和三阶行列式可用之前介绍的对角线法进行计算，但对于四阶或更高阶的行列式的求值，对角线法则将不再适用. 我们将在后续章节中介绍一般 n 阶行列式的几种计算方法. 下面给出几种特殊的行列式及其值.

(1)对角行列式

主对角线元素以外的元素全为 0 的行列式称为对角行列式，其值为主对角线上各元素的乘积，即

$$\begin{vmatrix}a_{11} & 0 & \cdots & 0\\0 & a_{22} & \cdots & 0\\\cdots & \cdots & \cdots & \cdots\\0 & 0 & \cdots & a_{nn}\end{vmatrix}=a_{11}a_{22}\cdots a_{nn}$$

(2)上三角行列式

主对角线元素以下的元素全为0的行列式称为上三角行列式，其值为主对角线上各元素的乘积，即

$$\begin{vmatrix} a_{11} & a_{12} & \cdots & a_{1n} \\ 0 & a_{22} & \cdots & a_{2n} \\ \cdots & \cdots & \cdots & \cdots \\ 0 & 0 & \cdots & a_{nn} \end{vmatrix} = a_{11}a_{22}\cdots a_{nn}$$

(3)下三角行列式

主对角线元素以上的元素全为0的行列式称为下三角行列式，其值为主对角线上各元素的乘积，即

$$\begin{vmatrix} a_{11} & 0 & \cdots & 0 \\ a_{21} & a_{22} & \cdots & 0 \\ \cdots & \cdots & \cdots & \cdots \\ a_{n1} & a_{n2} & \cdots & a_{nn} \end{vmatrix} = a_{11}a_{22}\cdots a_{nn}$$

例如，四阶行列式

$$\begin{vmatrix} 1 & 3 & 2 & -5 \\ 0 & 4 & -9 & 7 \\ 0 & 0 & 6 & -1 \\ 0 & 0 & 0 & 1 \end{vmatrix} = 1 \times 4 \times 6 \times 1 = 24$$

我们看到，对角行列式、上三角行列式和下三角行列式的值均为主对角线上各元素的乘积，计算十分简单. 因此，若能将一般 n 阶行列式转化为这样特殊的行列式，计算起来将非常方便.

第三节　行列式的性质

一、行列式的性质

在介绍行列式计算方法之前，先给出行列式的一些基本性质. 这里首先给出转置行列式的定义.

定义 1.1　将 n 阶行列式 D 的行一次写成相应的列，所得到的新的行列式称为行列式 D 的转置行列式(简称转置)，记为 D^{T}(或 D'). 即，设 n 阶行列式

$$D=\begin{vmatrix} a_{11} & a_{12} & \cdots & a_{1n} \\ a_{21} & a_{22} & \cdots & a_{2n} \\ \cdots & \cdots & \cdots & \cdots \\ a_{n1} & a_{n2} & \cdots & a_{nn} \end{vmatrix}$$

则 D 的转置行列式

$$D^{\mathrm{T}}=\begin{vmatrix} a_{11} & a_{21} & \cdots & a_{n1} \\ a_{12} & a_{22} & \cdots & a_{n2} \\ \cdots & \cdots & \cdots & \cdots \\ a_{1n} & a_{2n} & \cdots & a_{nn} \end{vmatrix}$$

例如，行列式

$$D=\begin{vmatrix} 1 & -1 & 1 \\ 2 & 2 & 3 \\ -1 & 0 & -1 \end{vmatrix}$$

的转置行列式为

$$D^{\mathrm{T}}=\begin{vmatrix} 1 & 2 & -1 \\ -1 & 2 & 0 \\ 1 & 3 & -1 \end{vmatrix}$$

下面给出行列式的基本性质.

性质 1　行列式和它的转置行列式值相等，即 $D=D^{\mathrm{T}}$.

性质 1 说明了行列式中行与列地位的对称性. 行列式中，凡是对行成立的命题，对列同样成立. 反之亦然.

性质 2　互换行列式的两行(列)，行列式的值变号.

以 r_i 表示行列式的第 i 行，c_i 表示行列式的第 i 列. 交换 i，j 两行记作 $r_i \leftrightarrow r_j$，交换 i，j 两列记作 $c_i \leftrightarrow c_j$.

例如

$$\begin{vmatrix} 2 & 1 & 3 \\ 1 & -2 & 1 \\ -1 & 1 & -1 \end{vmatrix} \xlongequal{r_1 \leftrightarrow r_2} -\begin{vmatrix} 1 & -2 & 1 \\ 2 & 1 & 3 \\ -1 & 1 & -1 \end{vmatrix} = -1$$

推论 1　如果行列式中有某两行(列)相同，则此行列式的值等于零.

性质 3　行列式某一行(列)所有元素同时乘以数 k，等于用数 k 乘以这个行列式.

性质 3 说明行列式可以按行和列提出公因数. 例如

$$\begin{vmatrix} 2 & -4 & 2 \\ 2 & 1 & 3 \\ -1 & 1 & -1 \end{vmatrix} = \begin{vmatrix} 2\times 1 & 2\times(-2) & 2\times 1 \\ 2 & 1 & 3 \\ -1 & 1 & -1 \end{vmatrix} = 2\times \begin{vmatrix} 1 & -2 & 1 \\ 2 & 1 & 3 \\ -1 & 1 & -1 \end{vmatrix} = 2$$

第 i 行(或列)乘以 k，记作 $r_i \times k$(或 $c_i \times k$).

推论 2　如果行列式中某两行(列)的对应元素成比例，则此行列式的值等于零.

性质 4　把行列式的某一行(列)的所有元素都乘以同一个数以后加到另一行(列)的对应元素上去，行列式的值不变.

例 1.5

$$\begin{vmatrix} 1 & -2 & 1 \\ 2 & 1 & 3 \\ -1 & 1 & -1 \end{vmatrix} \underline{\underline{r_2 - 2\times r_1}} \begin{vmatrix} 1 & -2 & 1 \\ 0 & 5 & 1 \\ -1 & 1 & -1 \end{vmatrix}$$

$$\underline{\underline{r_3 + r_1}} \begin{vmatrix} 1 & -2 & 1 \\ 0 & 5 & 1 \\ 0 & -1 & 0 \end{vmatrix} \underline{\underline{r_3 + 5 \div r_2}} \begin{vmatrix} 1 & -2 & 1 \\ 0 & 5 & 1 \\ 0 & 0 & \frac{1}{5} \end{vmatrix} = -1$$

由例 1.5 可以看出，对于一般行列式，我们可以利用行列式的性质将其化为上下角型行列式进行求值.

性质 5　若行列式的某一列(行)是两组数之和，例如

$$D = \begin{vmatrix} a_{11} & a_{12} & \cdots & (a_{1i} + a'_{1i}) & \cdots & a_{1n} \\ a_{21} & a_{22} & \cdots & (a_{2i} + a'_{2i}) & \cdots & a_{2n} \\ \cdots & \cdots & & \cdots & & \cdots \\ a_{n1} & a_{n2} & \cdots & (a_{ni} + a'_{ni}) & \cdots & a_{nn} \end{vmatrix}$$

则该行列式等于两个行列式之和：

$$D = \begin{vmatrix} a_{11} & a_{12} & \cdots & a_{1i} & \cdots & a_{1n} \\ a_{21} & a_{22} & \cdots & a_{2i} & \cdots & a_{1n} \\ \cdots & \cdots & \cdots & \cdots & \cdots & \cdots \\ a_{n1} & a_{n2} & \cdots & a_{ni} & \cdots & a_{nn} \end{vmatrix} + \begin{vmatrix} a_{11} & a_{12} & \cdots & a'_{1i} & \cdots & a_{1n} \\ a_{21} & a_{22} & \cdots & a'_{2i} & \cdots & a_{1n} \\ \cdots & \cdots & \cdots & \cdots & \cdots & \cdots \\ a_{n1} & a_{n2} & \cdots & a'_{ni} & \cdots & a_{nn} \end{vmatrix}$$

性质 5 说明了行列式可以按行(列)拆成两个等阶行列式. 要注意的是，这里每次只能“拆”某一行(列)，而不能同时拆几行(列). 例如

$$\begin{vmatrix} 2 & 3 \\ 1 & 4 \end{vmatrix} = \begin{vmatrix} 2+0 & 0+3 \\ 1 & 4 \end{vmatrix} = \begin{vmatrix} 2 & 0 \\ 1 & 4 \end{vmatrix} + \begin{vmatrix} 0 & 3 \\ 1 & 4 \end{vmatrix} = 5$$

但

$$\begin{vmatrix}2&3\\1&4\end{vmatrix}=\begin{vmatrix}2+0&0+3\\1+0&0+4\end{vmatrix}\neq\begin{vmatrix}2&0\\1&0\end{vmatrix}+\begin{vmatrix}0&3\\0&4\end{vmatrix}=0$$

二、利用行列式性质求行列式

我们可以利用行列式的性质，将行列式化为上三角或下三角型，从而计算行列式.

例 1.6　计算

$$D=\begin{vmatrix}3&1&-1&2\\-5&1&3&-4\\2&0&1&-1\\1&-5&3&-3\end{vmatrix}.$$

解

$$D\xlongequal{c_1\leftrightarrow c_2}\begin{vmatrix}1&3&-1&2\\1&-5&3&-4\\0&2&1&-1\\-5&1&3&-3\end{vmatrix}\xlongequal[r_4+5r_1]{r_2-r_1}-\begin{vmatrix}1&3&-1&2\\0&-8&4&-6\\0&2&1&-1\\0&16&-2&7\end{vmatrix}$$

$$\xlongequal{r_2\leftrightarrow r_3}\begin{vmatrix}1&3&-1&2\\0&2&1&-1\\0&-8&4&-6\\0&16&-2&7\end{vmatrix}\xlongequal[r_4-8r_2]{r_3+4r_2}\begin{vmatrix}1&3&-1&2\\0&2&1&-1\\0&0&8&-10\\0&0&-10&15\end{vmatrix}$$

$$\xlongequal{r_4+\frac{5}{4}r_3}\begin{vmatrix}1&3&-1&2\\0&2&1&-1\\0&0&8&-10\\0&0&0&\frac{5}{2}\end{vmatrix}=40.$$

例 1.7　计算

$$D=\begin{vmatrix}3&1&1&1\\1&3&1&1\\1&1&3&1\\1&1&1&3\end{vmatrix}.$$

解 这个行列式的特点是各列 4 个数之和都是6. 把第2、3、4 行同时加到第1行，提出公因子6，然后各行减去第1行：

$$D \xlongequal{r_1+r_2+r_3+r_4} \begin{vmatrix} 6 & 6 & 6 & 6 \\ 1 & 3 & 1 & 1 \\ 1 & 1 & 3 & 1 \\ 1 & 1 & 1 & 3 \end{vmatrix} \xlongequal{r_1 \div 6} \begin{vmatrix} 1 & 1 & 1 & 1 \\ 1 & 3 & 1 & 1 \\ 1 & 1 & 3 & 1 \\ 1 & 1 & 1 & 3 \end{vmatrix}$$

$$\xlongequal[r_4-r_1]{\substack{r_2-r_1\\ r_3-r_1}} \begin{vmatrix} 1 & 1 & 1 & 1 \\ 0 & 2 & 0 & 0 \\ 0 & 0 & 2 & 0 \\ 0 & 0 & 0 & 2 \end{vmatrix} = 48.$$

第四节 行列式按行(列)展开

这一节，我们主要给出行列式按行(列)展开式，并结合行列式性质和行列式展开求行列式的值.

一、行列式展开

一般说来，低价行列式的计算比高价行列式的计算要简便，因此，我们自然地想到用低价行列式来表示高价行列式的问题. 为此，先引入余子式和代数余子式的概念.

定义 1.2 在 n 阶行列式中，把元素 a_{ij}所在的第 i 行和第 j 列划去后，留下来的 $n-1$ 阶行列式叫作元素 a_{ij}的余子式，记作 M_{ij}；记

$$A_{ij} = (-1)^{i+j} M_{ij},$$

A_{ij}叫作元素 a_{ij}的代数余子式.

例如对于四阶行列式

$$D = \begin{vmatrix} a_{11} & a_{12} & a_{13} & a_{14} \\ a_{21} & a_{22} & a_{23} & a_{24} \\ a_{31} & a_{32} & a_{33} & a_{34} \\ a_{41} & a_{42} & a_{43} & a_{44} \end{vmatrix}$$

$$D = \begin{vmatrix} a_{11} & a_{12} & a_{13} & a_{14} \\ a_{21} & a_{22} & a_{23} & a_{24} \\ a_{31} & a_{32} & a_{33} & a_{34} \\ a_{41} & a_{42} & a_{43} & a_{44} \end{vmatrix}$$

从而元素 a_{32} 的余子式和代数余子式分别为

$$M=\begin{vmatrix} a_{11} & a_{13} & a_{14} \\ a_{21} & a_{23} & a_{24} \\ a_{41} & a_{43} & a_{44} \end{vmatrix},$$

$$A_{32}=(-1)^{3+2}M_{32}=-M_{32}.$$

定理 1.1　在一个 n 阶行列式中，若其中第 i 行所有元素除 a_{ij} 外都为零，那么这个行列式等于 a_{ij} 与它的代数余子式的乘积，即 $D=a_{ij}A_{ij}$.

例如，四阶行列式

$$D=\begin{vmatrix} a_{11} & a_{12} & a_{13} & a_{14} \\ a_{21} & a_{22} & a_{23} & a_{24} \\ 0 & 0 & a_{33} & 0 \\ a_{41} & a_{42} & a_{43} & a_{44} \end{vmatrix}=a_{33}A_{33}=(-1)^{3+3}a_{33}M_{33}$$

$$=(-1)^{3+3}a_{33}\begin{vmatrix} a_{11} & a_{12} & a_{14} \\ a_{21} & a_{22} & a_{24} \\ a_{41} & a_{42} & a_{44} \end{vmatrix}=a_{33}\begin{vmatrix} a_{11} & a_{12} & a_{14} \\ a_{21} & a_{22} & a_{24} \\ a_{41} & a_{42} & a_{44} \end{vmatrix}$$

定理 1.2(行列式展开定理)　行列式等于它的任一行(列)的各元素与其对应的代数余子式乘积之和，即

$$D=a_{i1}A_{i1}+a_{i2}A_{i2}+\cdots+a_{in}A_{in}\quad(i=1,2,\cdots,n),$$

或

$$D=a_{1j}A_{1j}+a_{2j}A_{2j}+\cdots+a_{nj}A_{nj}\quad(j=1,2,\cdots,n).$$

例如，三阶行列式按第一行展开

$$\begin{vmatrix} a_{11} & a_{12} & a_{13} \\ a_{21} & a_{22} & a_{23} \\ a_{31} & a_{32} & a_{33} \end{vmatrix}=a_{11}A_{11}+a_{12}A_{12}+a_{13}A_{13}$$

二、行列式计算

利用行列式按行(列)展开定理并结合行列式的性质，可以简化行列式的计算.

下面，我们用此法来计算例 1.6 的行列式

$$D=\begin{vmatrix} 3 & 1 & -1 & 2 \\ -5 & 1 & 3 & -4 \\ 2 & 0 & 1 & -1 \\ 1 & -5 & 3 & -3 \end{vmatrix}$$

我们保留 a_{33}，把第3行其余元素变为0，然后按第3行展开：

$$D\xlongequal[c_4+c_3]{c_1-2c_3}\begin{vmatrix}5&1&-1&1\\-11&1&3&-1\\0&0&1&0\\-5&-5&3&0\end{vmatrix}$$

$$=(-1)^{3+3}\begin{vmatrix}5&1&1\\-11&1&-1\\-5&-5&0\end{vmatrix}\xlongequal{r_2+r_1}\begin{vmatrix}5&1&1\\-6&2&0\\-5&-5&0\end{vmatrix}$$

$$=(-1)^{1+3}\begin{vmatrix}-6&2\\-5&-5\end{vmatrix}\xlongequal{c_1-c_2}\begin{vmatrix}-8&2\\0&-5\end{vmatrix}=40.$$

例 1.8 计算行列式 $D_4=\begin{vmatrix}2&1&4&1\\3&-1&2&1\\5&2&3&2\\7&0&2&5\end{vmatrix}$.

解 观察到第二列第四行的元素为0，而且第二列第一行的元素是 $a_{12}=1$，利用这个元素可以把这一列其他两个非零元素化为0，然后按第二列展开.

$$D_4=\begin{vmatrix}2&1&4&1\\3&-1&2&1\\5&2&3&2\\7&0&2&5\end{vmatrix}\xlongequal[r_3-2r_1]{r_2+r_1}\begin{vmatrix}2&1&4&1\\5&0&6&2\\1&0&-5&0\\7&0&2&5\end{vmatrix}$$

$$\xlongequal{按第二列展开}-\begin{vmatrix}5&6&2\\1&-5&0\\7&2&5\end{vmatrix}$$

$$\xlongequal{c_2+5c_1}\begin{vmatrix}5&31&2\\1&0&0\\7&37&5\end{vmatrix}\xlongequal{按第二行展开}\begin{vmatrix}31&2\\37&5\end{vmatrix}=81$$

例 1.9 计算行列式 $D_4=\begin{vmatrix}a&b&b&b\\b&a&b&b\\b&b&a&b\\b&b&b&a\end{vmatrix}$.

解 这个行列式的特点是它的每一行元素之和均为 $a+3b$(我们把它称为行和相同行列式)，我们可以先把后三列都加到第一列上去，提出第一列的公因子 $a+3b$，再将后三行都减去第一行：

$$\begin{vmatrix} a & b & b & b \\ b & a & b & b \\ b & b & a & b \\ b & b & b & a \end{vmatrix} = \begin{vmatrix} a+3b & b & b & b \\ a+3b & a & b & b \\ a+3b & b & a & b \\ a+3b & b & b & a \end{vmatrix} = (a+3b)\begin{vmatrix} 1 & b & b & b \\ 1 & a & b & b \\ 1 & b & a & b \\ 1 & b & b & a \end{vmatrix}$$

$$= (a+3b)\begin{vmatrix} 1 & b & b & b \\ 0 & a-b & 0 & 0 \\ 0 & 0 & a-b & 0 \\ 0 & 0 & 0 & a-b \end{vmatrix}$$

$$= (a+3b)(a-b)^3$$

例 1.10 计算 n 阶行列式

$$D_n = \begin{vmatrix} a & 1 & 1 & \cdots & 1 & 1 \\ 1 & a & 1 & \cdots & 1 & 1 \\ \cdots & \cdots & \cdots & \cdots & \cdots & \cdots \\ 1 & 1 & 1 & \cdots & a & 1 \\ 1 & 1 & 1 & \cdots & 1 & a \end{vmatrix}.$$

解 可以将行列式的第 2, 3, …, n 列分别加到第 1 列，然后进行初等变换.

$$D_n = \begin{vmatrix} a & 1 & 1 & \cdots & 1 & 1 \\ 1 & a & 1 & \cdots & 1 & 1 \\ \cdots & \cdots & \cdots & \cdots & \cdots & \cdots \\ 1 & 1 & 1 & \cdots & a & 1 \\ 1 & 1 & 1 & \cdots & 1 & a \end{vmatrix} = \begin{vmatrix} a+n-1 & 1 & 1 & \cdots & 1 & 1 \\ a+n-1 & a & 1 & \cdots & 1 & 1 \\ \cdots & \cdots & \cdots & \cdots & \cdots & \cdots \\ a+n-1 & 1 & 1 & \cdots & a & 1 \\ a+n-1 & 1 & 1 & \cdots & 1 & a \end{vmatrix}$$

$$= (a+n-1)\begin{vmatrix} 1 & 1 & 1 & \cdots & 1 & 1 \\ 1 & a & 1 & \cdots & 1 & 1 \\ \cdots & \cdots & \cdots & \cdots & \cdots & \cdots \\ 1 & 1 & 1 & \cdots & a & 1 \\ 1 & 1 & 1 & \cdots & 1 & a \end{vmatrix}$$

$$=(a+n-1)\begin{vmatrix} 1 & 1 & \cdots & 1 & 1 \\ 0 & a-1 & 0 & \cdots & 0 & 1 \\ \cdots & \cdots & \cdots & \cdots & \cdots & \cdots \\ 0 & 0 & 0 & \cdots & a-1 & 0 \\ 0 & 0 & 0 & \cdots & 0 & a-1 \end{vmatrix}$$

$$=(a+n-1)(a-1)^{n-1}$$

第五节 克莱姆法则

本节讨论含有 n 个未知数 $x_1, x_2, \cdots, x_n$ 的 n 个线性方程的方程组：

$$\begin{cases} a_{11}x_1+a_{12}x_2+\cdots+a_{1n}x_n=b_1, \\ a_{21}x_1+a_{22}x_2+\cdots+a_{2n}x_n=b_2, \\ \vdots \\ a_{n1}x_1+a_{n2}x_2+\cdots+a_{nn}x_n=b_n, \end{cases} \tag{1-5}$$

称之为 n 元线性方程组. 若右端常数 $b_1, b_2, \cdots, b_n$ 不全为零，则称式(1-5)为非齐次线性方程组；否则(即当 $b_1=b_2=\cdots=b_n=0$ 时)，称式(1-5)为齐次线性方程组.

与二、三元线性方程组相类似，在一定条件下，式(1-5)的解可以用 n 阶行列式表示.

定理 1.3(克莱姆法则) 如果线性方程组(1-5)的系数行列式不为零，即

$$D=\begin{vmatrix} a_{11} & a_{12} & \cdots & a_{1n} \\ a_{21} & a_{22} & \cdots & a_{2n} \\ \cdots & \cdots & \cdots & \cdots \\ a_{n1} & a_{n2} & \cdots & a_{nn} \end{vmatrix} \neq 0,$$

则方程组必有唯一解：

$$x_1=\frac{D_1}{D}, x_2=\frac{D_2}{D}, \cdots, x_n=\frac{D_n}{D} \tag{1-6}$$

其中 $D_j(j=1, 2, \cdots, n)$ 是把系数行列式 D 中第 j 列的元素用常数项 $b_1, b_2, \cdots, b_n$ 代替后所得到的 n 阶行列式，即

$$D_j=\begin{vmatrix} a_{11} & \cdots & a_{1,j-1} & b_1 & a_{1,j+1} & \cdots & a_{1n} \\ \cdots & \cdots & \cdots & \cdots & \cdots & \cdots & \cdots \\ a_{n1} & \cdots & a_{n,j-1} & b_n & a_{n,j+1} & \cdots & a_{nn} \end{vmatrix}.$$

上述定理中包含三个结论：①方程组(1－5)有解；②解是唯一的；③解可由式(1－6)给出.

例 1.11　解线性方程组

$$\begin{cases}2x_1+x_2-5x_3+x_4=8,\\ x_1-3x_2-6x_4=9,\\ 2x_2-x_3+2x_4=-5,\\ x_1+4x_2-7x_3+6x_4=0.\end{cases}$$

解　系数行列式：

$$D=\begin{vmatrix}2&1&-5&1\\1&-3&0&-6\\0&2&-1&2\\1&4&-7&6\end{vmatrix}\xlongequal[r_4-r_2]{r_1-2r_2}\begin{vmatrix}0&7&-5&13\\1&-3&0&-6\\0&2&-1&2\\0&7&-7&12\end{vmatrix}$$

$$=(-1)^{2+1}\begin{vmatrix}7&-5&13\\2&-1&2\\7&-7&12\end{vmatrix}\xlongequal[c_3+2c_2]{c_1+2c_2}-\begin{vmatrix}-3&-5&3\\0&-1&0\\-7&-7&-2\end{vmatrix}$$

$$=-(-1)^{2+2}\begin{vmatrix}-3&3\\-7&-2\end{vmatrix}=27$$

同理可计算出：

$$D_1=\begin{vmatrix}8&1&-5&1\\9&-3&0&-6\\-5&2&-1&2\\0&4&-7&6\end{vmatrix}=81,$$

$$D_2=\begin{vmatrix}2&8&-5&1\\1&9&0&-6\\0&-5&-1&2\\1&0&-7&6\end{vmatrix}=-108,$$

$$D_3=\begin{vmatrix}2&1&8&1\\1&-3&9&-6\\0&2&-5&2\\1&4&0&6\end{vmatrix}=-27,$$

$$D_4=\begin{vmatrix}2&1&-5&8\\1&-3&0&9\\0&2&-1&-5\\1&4&-7&0\end{vmatrix}=27,$$

于是得 $x_1=3$，$x_2=-4$，$x_3=-1$，$x_4=1$.

$$x_1=\frac{D_1}{D}=\frac{81}{27}=3$$

$$x_2=\frac{D_2}{D}=\frac{-108}{27}=-4$$

$$x_3=\frac{D_3}{D}=\frac{-27}{27}=-1$$

$$x_4=\frac{D_4}{D}=\frac{27}{27}=1$$

克莱姆(Cramer)法则有重大理论价值，撇开求解公式(1－6)，克莱姆法则可叙述为下面的重要定理.

定理 1.4　如果线性方程组(1－5)的系数行列式 $D\neq0$，则其一定有解，且解是唯一的.

推论　如果线性方程组(1－5)无解或有两个不同的解，则它的系数行列式必为零.

对于含 n 个方程的 n 元齐次线性方程组

$$\begin{cases}a_{11}x_1+a_{12}x_2+\cdots a_{1n}x_n=0,\\a_{21}x_1+a_{22}x_2+\cdots a_{2n}x_n=0,\\\cdots\\a_{n1}x_1+a_{n2}x_2+\cdots a_{nn}x_n=0.\end{cases}\tag{1－7}$$

$x_1=x_2=\cdots=x_n=0$ 一定是它的解，这个解叫做齐次方程组(1－7)的零解. 如果一组不全为零的数是方程组(1－7)的解，则它叫做齐次方程组(1－7)的非零解. 齐次方程组(1－7)一定有零解，但不一定有非零解.

将该克莱姆法则应用到齐次线性方程组(1－7)，则有如下推论.

推论　若齐次线性方程组(1－7)系数行列式 $D\neq0$，则该方程组只有零解.

换句话说，若齐次线性方程组有非零解，则必有 $D=0$. 这说明系数行列式 $D=0$ 是齐次方程组(1－7)有非零解的必要条件，实际上，系数行列式 $D=0$ 是齐次线性方程组(1－7)有非零解的充分必要条件.

例 1.12　问 λ 取何值时，齐次线性方程组

$$\begin{cases}(5-\lambda)x+2y+2z=0\\2x+(6-\lambda)y=0\\2x+(4-\lambda)z=0\end{cases}$$

有非零解？

解　若齐次线性方程组有非零解，则其系数行列式 $D=0$. 而

$$D=\begin{vmatrix}5-\lambda & 2 & 2\\2 & 6-\lambda & 0\\2 & 0 & 4-\lambda\end{vmatrix}$$

$$=(5-\lambda)(6-\lambda)(4-\lambda)-4(4-\lambda)-4(6-\lambda)$$

$$=(5-\lambda)(2-\lambda)(8-\lambda)$$

由 $D=0$，得 $\lambda=2$，$\lambda=5$ 或 $\lambda=8$.

注意　克莱姆法则的应用条件：①方程组含 n 个方程 n 个未知数(即方程个数与未知数个数相同)；②方程组系数行列式不为零. 更一般的情形我们将在第四章中讨论.

第六节　典型例题分析

例 1.13　计算下列行列式

(1) $\begin{vmatrix}a_1 & 0 & 0 & b_1\\0 & a_2 & b_2 & 0\\0 & b_3 & a_3 & 0\\b_4 & 0 & 0 & a_4\end{vmatrix}$；(2) $\begin{vmatrix}6 & 42 & 27\\8 & -28 & 36\\20 & 35 & 135\end{vmatrix}$

解

(1)这个行列式中 0 比较多，通过初等变换可以化为准对角形.

$$\begin{vmatrix}a_1 & 0 & 0 & b_1\\0 & a_2 & b_2 & 0\\0 & b_3 & a_3 & 0\\b_4 & 0 & 0 & a_4\end{vmatrix}=-\begin{vmatrix}0 & b_3 & a_3 & 0\\0 & a_2 & b_2 & 0\\a_1 & 0 & 0 & b_1\\b_4 & 0 & 0 & a_4\end{vmatrix}=-\begin{vmatrix}0 & b_3 & a_3 & 0\\0 & a_2 & b_2 & 0\\a_1 & 0 & 0 & b_1\\b_4 & 0 & 0 & a_4\end{vmatrix}$$

$$=\begin{vmatrix} a_3 & b_3 & 0 & 0 \\ b_2 & a_2 & 0 & 0 \\ 0 & 0 & a_1 & b_1 \\ 0 & 0 & b_4 & a_4 \end{vmatrix}=\begin{vmatrix} a_3 & b_3 \\ b_2 & a_2 \end{vmatrix}\begin{vmatrix} a_1 & b_1 \\ b_4 & a_4 \end{vmatrix}$$

$$=(a_2a_3-b_2b_3)(a_1a_4-b_1b_4)$$

(2)先提出行、列的公因子.

$$\begin{vmatrix} 6 & 42 & 27 \\ 8 & -28 & 36 \\ 20 & 35 & 135 \end{vmatrix}=3\times4\times5\times\begin{vmatrix} 2 & 14 & 9 \\ 2 & -7 & 9 \\ 4 & 7 & 27 \end{vmatrix}$$

$$=3\times4\times5\times2\times7\times9\times\begin{vmatrix} 1 & 2 & 1 \\ 1 & -1 & 1 \\ 2 & 1 & 3 \end{vmatrix}$$

$$=3\times4\times5\times2\times7\times9\times\begin{vmatrix} 1 & 2 & 1 \\ 0 & -3 & 0 \\ 0 & 0 & 1 \end{vmatrix}$$

$$=3\times4\times5\times2\times7\times9\times(-3)=-22680$$

例 1.14 $\begin{vmatrix} \lambda & -1 & -1 \\ -1 & \lambda & -1 \\ -1 & -1 & \lambda \end{vmatrix}=0$，求 λ.

分析：此题虽然可以用直接展开的方法计算行列式，但因为要对方程求解，而 3 次方程求根可能我们并不熟练，所以尽量从行列式中提出带有 λ 的因子. 观察矩阵，注意到它每一行元素之和相等.

解

$$\begin{vmatrix} \lambda & -1 & -1 \\ -1 & \lambda & -1 \\ -1 & -1 & \lambda \end{vmatrix}=\begin{vmatrix} \lambda-2 & -1 & -1 \\ \lambda-2 & \lambda & -1 \\ \lambda-2 & -1 & \lambda \end{vmatrix}$$

$$=(\lambda-2)\begin{vmatrix} 1 & -1 & -1 \\ 0 & \lambda+1 & 0 \\ 0 & 0 & \lambda+1 \end{vmatrix}$$

$$=(\lambda-2)(^{\lambda}+1)2$$

令 $(\lambda-2)(\lambda+1)^2=0$，得到：

$\lambda_1=2$，$\lambda_2=\lambda_3=2$

例 1.15 求行列式$\begin{vmatrix}3&0&4&0\\2&2&2&2\\0&-7&0&0\\5&3&-2&2\end{vmatrix}$的第四行各元素的余子式的和.

解 所求为

$$M_{41}+M_{42}+M_{43}+M_{44}=-A_{41}+A_{42}-A_{43}+A_{44}$$
$$=\begin{vmatrix}3&0&4&0\\2&2&2&2\\0&-7&0&0\\-1&1&-1&1\end{vmatrix}$$

答案为 -28(对第三行展开 $-7A_{32}=7M_{32}$)

例 1.16 求行列式$\begin{vmatrix}\lambda-1&-2&-4\\-2&\lambda+2&-2\\-4&-2&\lambda-1\end{vmatrix}$

解 此行列式中含有 λ，所以直接展开与直接化三角形都比较麻烦，应先进行处理，注意到第 1 列与第 3 列之差或为 0 或为相反数，可以提出一个带有 λ 的因子.

$$\begin{vmatrix}\lambda-1&-2&-4\\-2&\lambda+2&-2\\-4&-2&\lambda-1\end{vmatrix}=\begin{vmatrix}\lambda+3&-2&-4\\0&\lambda+2&-2\\-(\lambda+3)&-2&\lambda-1\end{vmatrix}$$
$$=(\lambda+3)\begin{vmatrix}1&-2&-4\\0&\lambda+2&-2\\-1&-2&\lambda-1\end{vmatrix}$$
$$=(\lambda+3)\begin{vmatrix}1&-2&-4\\0&\lambda+2&-2\\0&-4&\lambda-5\end{vmatrix}$$
$$=(\lambda+3)\begin{vmatrix}\lambda+2&-2\\-4&\lambda-5\end{vmatrix}$$
$$=(\lambda+3)^2(\lambda-6)$$

例 1.17 求下列行列式

(1) $\begin{vmatrix} 1 & 2 & 3 & 4 & 5 \\ 2 & 3 & 4 & 5 & 1 \\ 3 & 4 & 5 & 1 & 2 \\ 4 & 5 & 1 & 2 & 3 \\ 5 & 1 & 2 & 3 & 4 \end{vmatrix}$

(2) $\begin{vmatrix} 1+a & 1 & 1 & 1 \\ 1 & 1-a & 1 & 1 \\ 1 & 1 & 1+b & 1 \\ 1 & 1 & 1 & 1-b \end{vmatrix}$

解

(1)

$$\begin{vmatrix} 1 & 2 & 3 & 4 & 5 \\ 2 & 3 & 4 & 5 & 1 \\ 3 & 4 & 5 & 1 & 2 \\ 4 & 5 & 1 & 2 & 3 \\ 5 & 1 & 2 & 3 & 4 \end{vmatrix} = \begin{vmatrix} 15 & 2 & 3 & 4 & 5 \\ 15 & 3 & 4 & 5 & 1 \\ 15 & 4 & 5 & 1 & 2 \\ 15 & 5 & 1 & 2 & 3 \\ 15 & 1 & 2 & 3 & 4 \end{vmatrix} = \begin{vmatrix} 15 & 2 & 3 & 4 & 5 \\ 0 & 1 & 1 & 1 & -4 \\ 0 & 1 & 1 & -4 & 1 \\ 0 & 1 & -4 & 1 & 1 \\ 0 & -4 & 1 & 1 & 1 \end{vmatrix}$$

$$= 15\begin{vmatrix} 1 & 1 & 1 & -4 \\ 1 & 1 & -4 & 1 \\ 1 & -4 & 1 & 1 \\ -4 & 1 & 1 & 1 \end{vmatrix}$$

$$= 15\begin{vmatrix} -1 & 1 & 1 & -4 \\ -1 & 1 & -4 & 1 \\ -1 & -4 & 1 & 1 \\ -1 & 1 & 1 & 1 \end{vmatrix}$$

$$= 15\begin{vmatrix} -1 & 0 & 0 & -5 \\ -1 & 0 & -5 & 0 \\ -1 & -5 & 0 & 0 \\ -1 & 0 & 0 & 0 \end{vmatrix} = 15 \times 125 = 1875$$

(2)此题如果用通常的方法，将第 2 行与第 1 行交换，然后将第 1 列第 2、3、4 行消为 0，会使运算复杂，应先用第 1 列减第 2 列，将行列式化简.

$$\begin{vmatrix} 1+a & 1 & 1 & 1 \\ 1 & 1-a & 1 & 1 \\ 1 & 1 & 1+b & 1 \\ 1 & 1 & 1 & 1-b \end{vmatrix} = \begin{vmatrix} a & 1 & 1 & 1 \\ a & 1-a & 1 & 1 \\ 0 & 1 & 1+b & 1 \\ 0 & 1 & 1 & 1-b \end{vmatrix}$$

$$= a\begin{vmatrix} 1 & 1 & 1 & 1 \\ 1 & 1-a & 1 & 1 \\ 0 & 1 & 1+b & 1 \\ 0 & 1 & 1 & 1-b \end{vmatrix}$$

$$= a\begin{vmatrix} 1 & 1 & 1 & 1 \\ 0 & -a & 0 & 0 \\ 0 & 1 & 1+b & 1 \\ 0 & 1 & 1 & 1-b \end{vmatrix}$$

$$= -a^2\begin{vmatrix} 1 & 1 & 1 & 1 \\ 0 & 1 & 0 & 0 \\ 0 & 1 & 1+b & 1 \\ 0 & 1 & 1 & 1-b \end{vmatrix}$$

$$= -a^2\begin{vmatrix} 1 & 1 & 1 & 1 \\ 0 & 1 & 0 & 0 \\ 0 & 0 & 1+b & 1 \\ 0 & 0 & 1 & 1-b \end{vmatrix}$$

$$= -a^2\begin{vmatrix} 1+b & 1 \\ 1 & 1-b \end{vmatrix}$$

$$= a^2b^2$$

例 1.18　计算下列 n 阶行列式

(1) $\begin{vmatrix} 0 & a_1 & 0 & \cdots & 0 \\ 0 & 0 & a_2 & \cdots & 0 \\ \cdots & \cdots & \cdots & \cdots & \cdots \\ 0 & 0 & 0 & \cdots & a_{n-1} \\ b_1 & b_2 & b_3 & \cdots & b_n \end{vmatrix}$

$$(2)\begin{vmatrix} a & b & 0 & \cdots & 0 & 0 \\ 0 & a & b & \cdots & 0 & 0 \\ 0 & 0 & a & \cdots & 0 & 0 \\ \cdots & \cdots & \cdots & \cdots & \cdots & \cdots \\ 0 & 0 & 0 & \cdots & a & b \\ b & 0 & 0 & \cdots & 0 & a \end{vmatrix}$$

解

(1)按第1列展开，得到

$$\begin{vmatrix} 0 & a_1 & 0 & \cdots & 0 \\ 0 & 0 & a_2 & \cdots & 0 \\ \cdots & \cdots & \cdots & \cdots & \cdots \\ 0 & 0 & 0 & \cdots & a_{n-1} \\ b_1 & b_2 & b_3 & \cdots & b_n \end{vmatrix} = (^-1)n+1b_1\begin{vmatrix} a_1 & 0 & \cdots & 0 \\ 0 & a_2 & 0 & 0 \\ \cdots & \cdots & \cdots & \cdots \\ 0 & 0 & 0 & a_{n-1} \end{vmatrix}$$

$$=(^-1)n+1b_1a_1a_2\cdots a_{n-1}$$

(2)分析：如果直接在第 n 行消去 b，则会使第 n 行第2列不为0. 如果按第1列展开，则余子式是三角形.

$$\begin{vmatrix} a & b & 0 & \cdots & 0 & 0 \\ 0 & a & b & \cdots & 0 & 0 \\ 0 & 0 & a & \cdots & 0 & 0 \\ \cdots & \cdots & \cdots & \cdots & \cdots & \cdots \\ 0 & 0 & 0 & \cdots & a & b \\ b & 0 & 0 & \cdots & 0 & a \end{vmatrix} = a\begin{vmatrix} a & b & 0 & \cdots & 0 & 0 \\ 0 & a & b & \cdots & 0 & 0 \\ 0 & 0 & a & \cdots & 0 & 0 \\ \cdots & \cdots & \cdots & \cdots & \cdots & \cdots \\ 0 & 0 & 0 & \cdots & a & b \\ 0 & 0 & 0 & \cdots & 0 & a \end{vmatrix} +$$

$$(-1)^{n+1}b\begin{vmatrix} b & 0 & 0 & \cdots & 0 & 0 \\ a & b & 0 & \cdots & 0 & 0 \\ 0 & a & b & \cdots & 0 & 0 \\ \cdots & \cdots & \cdots & \cdots & \cdots & \cdots \\ 0 & 0 & 0 & \cdots & b & 0 \\ 0 & 0 & 0 & \cdots & a & b \end{vmatrix}$$

$$=a^n+(-1)^{n+1}b^n$$

例 1.19 求 n 阶行列式 $\begin{vmatrix} a & b & b & \cdots & b \\ b & a & b & \cdots & b \\ b & b & a & \cdots & b \\ & \vdots & & \ddots & \\ b & b & b & b & a \end{vmatrix}$

分析：此行列式各行之和相等，可以将第 2，3，…，n 列都加到第 1 列，使之等于各行之和，然后提出第 1 列的公因子，再用初等变换化简.

解

$$\begin{vmatrix} a & b & b & \cdots & b \\ b & a & b & \cdots & b \\ b & b & a & \cdots & b \\ & \vdots & & \ddots & \\ b & b & b & b & a \end{vmatrix} = \begin{vmatrix} a+(n-1)b & b & b & \cdots & b \\ a+(n-1)b & a & b & \cdots & b \\ a+(n-1)b & b & a & \cdots & b \\ \vdots & \vdots & & \ddots & \\ a+(n-1)b & b & b & b & a \end{vmatrix}$$

$$=(a+(n-1)b)\begin{vmatrix} 1 & b & b & \cdots & b \\ 1 & a & b & \cdots & b \\ 1 & b & a & \cdots & b \\ \vdots & \vdots & & \ddots & \\ 1 & b & b & b & a \end{vmatrix}$$

$$=(a+(n-1)b)\begin{vmatrix} 1 & b & b & \cdots & b \\ 0 & a-b & 0 & \cdots & 0 \\ 0 & 0 & a-b & \cdots & 0 \\ \vdots & \vdots & & \ddots & \\ 0 & 0 & 0 & 0 & a-b \end{vmatrix}$$

$$=(a+(n-1)b)(a-b)n-1$$

$$=(a-b)n+nb(a-b)n-1$$

例 1.20 用克拉默法则解方程组

$$\begin{cases} 2x_1+x_2-5x_3+x_4=8 \\ x_1-3x_2-6x_4=9 \\ 2x_2-x_3+2x_4=-5 \\ x_1+4x_2-7x_3+6x_4=0 \end{cases}$$

解 方程组的系数行列式

$$d=\begin{vmatrix}2 & 1 & -5 & 1\\1 & -3 & 0 & -6\\0 & 2 & -1 & 2\\1 & 4 & -7 & 6\end{vmatrix}=27\neq 0$$

因之可以用克拉默法则，由于

$$d_1=\begin{vmatrix}8 & 1 & -5 & 1\\9 & -3 & 0 & -6\\-5 & 2 & -1 & 2\\0 & 4 & -7 & 6\end{vmatrix}=81$$

$$d_2=\begin{vmatrix}2 & 8 & -5 & 1\\1 & 9 & 0 & -6\\0 & -5 & -1 & 2\\1 & 0 & -7 & 6\end{vmatrix}=-108$$

$$d_3=\begin{vmatrix}2 & 1 & 8 & 1\\1 & -3 & 9 & -6\\0 & 2 & -5 & 2\\1 & 4 & 0 & 6\end{vmatrix}=-27$$

$$d_4=\begin{vmatrix}2 & 1 & -5 & 8\\1 & -3 & 0 & 9\\0 & 2 & -1 & -5\\1 & 4 & -7 & 0\end{vmatrix}=27$$

所以方程组的唯一解为 $x_1=3$，$x_2=-4$，$x_3=-1$，$x_4=1$

注意：克拉默法则只适用于讨论系数矩阵的行列式不为零时的方程组，至于方程组的系数行列式为零的情形，将在下一章讨论.

习题一

1. 计算二阶行列式

(1) $\begin{vmatrix} 2 & 5 \\ 3 & 7 \end{vmatrix}$;　　(2) $\begin{vmatrix} a & a^2 \\ b & b^2 \end{vmatrix}$.

2. 计算三阶行列式

(1) $\begin{vmatrix} -1 & 2 & 4 \\ 0 & 3 & 1 \\ -1 & 4 & 2 \end{vmatrix}$;　　(2) $\begin{vmatrix} 1 & x & x \\ x & 2 & x \\ x & x & 3 \end{vmatrix}$.

3. 求解方程 $\begin{vmatrix} 1 & 1 & 1 \\ 2 & 3 & x \\ 4 & 9 & x^2 \end{vmatrix} = 0$.

4. 计算下列各行列式

(1) $\begin{vmatrix} 3 & 5 & 7 \\ -1 & 0 & 0 \\ 0 & 2 & 3 \end{vmatrix}$; (2) $\begin{vmatrix} x & y & x+y \\ y & x+y & x \\ x+y & x & y \end{vmatrix}$; (3) $\begin{vmatrix} 2 & 1 & 4 & 1 \\ 1 & 2 & 3 & 2 \\ 3 & -1 & 2 & 1 \\ 5 & 0 & 6 & 2 \end{vmatrix}$;

(4) $\begin{vmatrix} 1 & 2 & 3 & 4 \\ 2 & 3 & 4 & 1 \\ 3 & 4 & 1 & 2 \\ 4 & 1 & 2 & 3 \end{vmatrix}$; (5) $\begin{vmatrix} 2 & -5 & 3 & 1 \\ 1 & 3 & -1 & 3 \\ 0 & 1 & 1 & -5 \\ -1 & -4 & 2 & -3 \end{vmatrix}$; (6) $\begin{vmatrix} 2 & -5 & 1 & 2 \\ -3 & 7 & -1 & 4 \\ 5 & -9 & 2 & 7 \\ 4 & -6 & 1 & 2 \end{vmatrix}$.

5. 计算下列各 n 阶行列式

(1) $D = \begin{vmatrix} a & 0 & 0 & \cdots & 0 & 1 \\ 0 & a & 0 & \cdots & 0 & 0 \\ 0 & 0 & a & \cdots & 0 & 0 \\ \cdots & \cdots & \cdots & \cdots & \cdots & \cdots \\ 1 & 0 & 0 & \cdots & 0 & a \end{vmatrix}$;　　(2) $\begin{vmatrix} a & b & b & \cdots & b \\ b & a & b & \cdots & b \\ b & b & a & \cdots & b \\ & \vdots & & \ddots & \\ b & b & b & b & a \end{vmatrix}$.

6. 利用克莱姆法则解下列方程组：

(1) $\begin{cases} x_1+2x_2+4x_3=31 \\ 5x_1+x_2+2x_3=29; \\ 3x_1-x_2+x_3=10 \end{cases}$　　(2) $\begin{cases} x_1-x_2+x_3-2x_4=2 \\ 2x_1-x_3+4x_4=4 \\ 3x_1+2x_2+x_3=-1 \\ -x_1+2x_2-x_3+2x_4=-4 \end{cases}$

7. 试问 k 取何值时，下面齐次线性方程组有非零解？

$$\begin{cases} (5-k)x+2y+2z=0 \\ 2x+(6-k)y=0 \\ 2x+(4-k)z=0 \end{cases}$$

本章归纳总结

- 行列式
  - 二阶 $\begin{vmatrix} a_{11} & a_{12} \\ a_{21} & a_{22} \end{vmatrix} = a_{11}a_{22} - a_{12}a_{21}$
  - 三阶 $\begin{vmatrix} a_{11} & a_{12} & a_{13} \\ a_{21} & a_{22} & a_{23} \\ a_{31} & a_{32} & a_{33} \end{vmatrix} = a_{11}a_{22}a_{33} + a_{12}a_{23}a_{31} + a_{13}a_{21}a_{32} - a_{11}a_{23}a_{32} - a_{12}a_{21}a_{33} - a_{13}a_{22}a_{31}$
  - n 阶 $\begin{vmatrix} a_{11} & a_{12} & \cdots & a_{1n} \\ a_{21} & a_{22} & \cdots & a_{2n} \\ \cdots & \cdots & \cdots & \cdots \\ a_{n1} & a_{n2} & \cdots & a_{nn} \end{vmatrix}$
- 特殊行列式
  - 对角行列式 $\begin{vmatrix} a_{11} & 0 & \cdots & 0 \\ 0 & a_{22} & \cdots & 0 \\ \cdots & \cdots & \cdots & \cdots \\ 0 & 0 & \cdots & a_{nn} \end{vmatrix}$
  - 上三角行列式 $\begin{vmatrix} a_{11} & a_{12} & \cdots & a_{1n} \\ 0 & a_{22} & \cdots & a_{2n} \\ \cdots & \cdots & \cdots & \cdots \\ 0 & 0 & \cdots & a_{nn} \end{vmatrix}$
  - 下三角行列式 $\begin{vmatrix} a_{11} & 0 & \cdots & 0 \\ a_{21} & a_{22} & \cdots & 0 \\ \cdots & \cdots & \cdots & \cdots \\ a_{n1} & a_{n2} & \cdots & a_{nn} \end{vmatrix}$
  - $= a_{11}a_{22}\cdots a_{nn}$
- 性质
  - 转置不变
  - 互换两行(列)变号
  - 某两行(列)相同或成比例，值为零
  - 某行(列)乘数 k，值乘 k
  - 某行(列)加另一行(列)的 k 倍，值不变
  - 按某行(列)拆分

- 求值
  - 利用行列式性质，将其化为特殊行列式
  - 利用行列式按行(列)展开定理
    - $D=a_{i1}A_{i1}+a_{i2}A_{i2}+\cdots+a_{in}A_{in}$ $(i=1,2,\cdots,n)$
    - $D=a_{1j}A_{1j}+a_{2j}A_{2j}+\cdots+a_{nj}A_{nj}$ $(j=1,2,\cdots,n)$
  - 综合运用上述两种方法
- 克莱姆法则
  - 定理：n 元 n 次线性方程组，系数行列式 $D\neq0$，则 $x_i=\dfrac{D_i}{D}(i=1,\cdots,n)$
  - 应用
    - 线性方程组求解
    - 线性方程组有解判别
  - 注意：克莱姆法则只适用于方程与未知数个数相等的情形

第二章 矩阵

矩阵的使用，使得问题简洁和易于了解本质，它是线性代数的主要研究对象. 本章从方程组的简化形式和实际问题入手引入矩阵的概念，并给出矩阵的运算，从而线性方程组可用矩阵的形式给出，进一步引入逆矩阵的概念，在一定条件下可用逆矩阵求解线性方程组，最后给出了分块矩阵的概念及其运算.

内容提要	矩阵的概念，矩阵的运算，矩阵的逆，矩阵的分块
基本要求	1. 理解矩阵的概念，掌握矩阵的线性运算、矩阵乘法运算、矩阵转置运算、方阵的行列式以及它们的运算规律； 2. 理解逆矩阵的概念，掌握逆矩阵的性质以及方阵可逆的充分必要条件； 3. 理解伴随矩阵的概念，会用伴随矩阵求可逆矩阵的逆矩阵； 4. 了解分块矩阵的概念及分块矩阵的运算
重点难点	重点：矩阵的概念，矩阵的运算，逆矩阵的概念、性质及其计算. 难点：矩阵的乘法运算，逆矩阵，分块矩阵的运算

第一节　矩阵的概念

下面通过两个例子引入矩阵的概念.

例 2.1　某企业有三种产品，四个销售地区，每个地区每月平均销售情况如下表：

表 2-1 销售情况

产品 \ 销量 \ 销地	一	二	三	四
甲	100	200	212	152
乙	85	211	423	247
丙	362	355	242	154

则该企业每个销售地区的月均销售情况可以简记为：

$$\begin{bmatrix} 100 & 200 & 212 & 152 \\ 85 & 211 & 423 & 247 \\ 362 & 355 & 242 & 154 \end{bmatrix}$$

其中，每一行的四个数分别代表某产品在四个销售地区的月均销量；每一列的三个数分别代表某销售地区三种产品的月均销量.

例 2.2 在工程技术中，许多问题可归结为求线性方程组. 考察下面的线性方程组：

$$\begin{cases} 4x_1+5x_2-7x_3=2 \\ 2x_1-6x_2-3x_3=1 \end{cases}$$

这是一个含 3 个未知量 2 个线性方程的线性方程组. 这个方程组由 6 个系数和 2 个常数完全确定. 因此，我们把这些系数和常数按原来的次序写成如下形式：

$$\begin{bmatrix} 4 & 5 & -7 & 2 \\ 2 & -6 & -3 & 1 \end{bmatrix}$$

那么，线性方程组就完全由上面的形式所确定.

定义 2.1 由 $m\times n$ 个数 $a_{ij}(i=1, 2, \cdots, m; j=1, 2, \cdots, n)$ 排成 m 行 n 列的数表

$$\begin{bmatrix} a_{11} & a_{12} & \cdots & a_{1n} \\ a_{21} & a_{22} & \cdots & a_{2n} \\ \cdots & \cdots & \cdots & \cdots \\ a_{m1} & a_{m2} & \cdots & a_{mn} \end{bmatrix}$$

叫作 m 行 n 列矩阵或 $m\times n$ 矩阵. 这 $m\times n$ 个数叫作矩阵的元素，a_{ij} 称为这个

矩阵的第 i 行第 j 列元素.

注意 矩阵与行列式虽然外形类似，但意义完全不同.行列式行与列的个数是一样的，它是一些元素乘积的代数和；而矩阵只是数表而已，它的行列个数可以不一样.

一般情况下，用大写字母 A、B、C 等表示矩阵，也可用(a_{ij})表示，为了标明矩阵的行数 m 和列数 n，可记为 $A_{m\times n}$或 $A=(a_{ij})_{m\times n}$.

例 2.3 考虑一个一般的线性方程组：

$$\begin{cases} a_{11}x_1+a_{12}x_2+\cdots+a_{1n}x_n=b_1 \\ a_{21}x_1+a_{22}x_2+\cdots+a_{2n}x_n=b_2 \\ \qquad\vdots \\ a_{m1}x_1+a_{m2}x_2+\cdots+a_{mn}x_n=b_m \end{cases}$$

其中，$x_i(i=1,2,\cdots,n)$为未知数，a_{ij}和 $b_j(i=1,2,\cdots,m;j=1,2,\cdots,n)$都是常数.类似例 2.2，可以得到两个矩阵：一个是只由系数 a_{ij}构成的 $m\times n$ 矩阵：

$$\begin{bmatrix} a_{11} & a_{12} & \cdots & a_{1n} \\ a_{21} & a_{22} & \cdots & a_{2n} \\ \cdots & \cdots & \cdots & \cdots \\ a_{m1} & a_{m2} & \cdots & a_{mn} \end{bmatrix}$$

称为线性方程组的系数矩阵；另一个是由系数 a_{ij} 和常数项 b_j 构成的 $m\times(n+1)$矩阵：

$$\begin{bmatrix} a_{11} & a_{12} & \cdots & a_{1n} & b_1 \\ a_{21} & a_{22} & \cdots & a_{2n} & b_2 \\ \cdots & \cdots & \cdots & \cdots & \cdots \\ a_{m1} & a_{m2} & \cdots & a_{mn} & b_m \end{bmatrix}$$

称为线性方程组的增广矩阵.例如例 2.2 线性方程组的系数矩阵和增广矩阵分别为：

$$\begin{bmatrix} 4 & 5 & -7 \\ 2 & -6 & -3 \end{bmatrix},\begin{bmatrix} 4 & 5 & -7 & 2 \\ 2 & -6 & -3 & 1 \end{bmatrix}$$

元素全为实数的矩阵称为实矩阵，元素中有复数的矩阵称为复矩阵.本书矩阵除特别说明外，都是指实矩阵.

定义 2.2 如果两个矩阵行列个数相等，则称它们是同型矩阵. 如果 $A=(a_{ij})$ 和 $B=(b_{ij})$ 是 $m\times n$ 同型矩阵，并且它们对应元素完全相同，即

$$a_{ij}=b_{ij},\ (i=1,2,\cdots,m;j=1,2,\cdots,n)$$

那么就称矩阵 A 与矩阵 B 相等，记作 $A=B$.

例如

$$\begin{bmatrix}2 & a\\ b & -1\\ 0 & c\end{bmatrix}与\begin{bmatrix}d & 1\\ 3 & e\\ f & -2\end{bmatrix}$$

是同型矩阵，只有当 $a=1$，$b=3$，$c=-2$，$d=2$，$e=-1$，$f=0$ 时，两个矩阵才相等.

下面介绍几种常见的特殊矩阵.

(1)行矩阵与列矩阵. 只有一行的矩阵称为行矩阵或行向量，如

$$A=[a_1\quad a_2\quad \cdots\quad a_n].$$

只有一列的矩阵称为列矩阵或列向量，如

$$A=\begin{bmatrix}a_1\\ a_2\\ \vdots\\ a_m\end{bmatrix}$$

(2)零矩阵. 所有元素全为零的 $m\times n$ 矩阵称为零矩阵，记为 $O_{m\times n}$ 或 O.

(3)方阵. 行数与列数相等的矩阵叫作方阵. 若 $A_{m\times n}$ 中 $m=n$，则 A 称为 m 阶或 n 阶方阵，记作 A_n.

(4)对角阵. 主对角线(从左上角到右下角的直线)以外全为零的 n 阶方阵叫作对角矩阵，简称对角阵. 例如

$$\begin{bmatrix}\lambda_1 & 0 & \cdots & 0\\ 0 & \lambda_2 & \cdots & 0\\ \cdots & \cdots & \cdots & \cdots\\ 0 & 0 & \cdots & \lambda_m\end{bmatrix}$$

也可记作 $A=\mathrm{diag}(\lambda_1,\lambda_2,\cdots,\lambda_m)$.

(5)单位矩阵. 主对角线上元素全为 1 的对角矩阵. 例如

$$\begin{bmatrix}1 & 0 & \cdots & 0\\ 0 & 1 & \cdots & 0\\ \cdots & \cdots & \cdots & \cdots\\ 0 & 0 & \cdots & 1\end{bmatrix}$$

例 2.4 $\begin{bmatrix}1 & 1\\0 & 0\end{bmatrix}$是 2 阶单位矩阵，也是对角阵，自然也是方阵；$[1 \quad 2 \quad 3]$是行向量；$\begin{bmatrix}0 & 0 & 0\\0 & 0 & 0\\0 & 0 & 0\end{bmatrix}$是 3 阶零矩阵.

第二节 矩阵的运算

一、矩阵的加法

定义 2.3 同型矩阵 $A=(a_{ij})_{m\times n}$，$B=(b_{ij})_{m\times n}$的和记为

$$A+B=(a_{ij}+b_{ij})_{m\times n}=\begin{bmatrix}a_{11}+b_{11} & a_{12}+b_{12} & \cdots & a_{1n}+b_{1n}\\a_{21}+b_{21} & a_{22}+b_{22} & \cdots & a_{2n}+b_{2n}\\\cdots & \cdots & \cdots & \cdots\\a_{m1}+b_{m1} & a_{m2}+b_{m2} & \cdots & a_{mn}+b_{mn}\end{bmatrix}.$$

需要注意的是，只有两个同型矩阵才有加法运算. 易见，两个同型矩阵的和仍然和它们同型.

根据定义，很容易得到矩阵加法满足如下规律：

（Ⅰ）交换律：$A+B=B+A$；

（Ⅱ）结合律：$(A+B)+C=A+(B+C)$.

例 2.5 设 $A=\begin{bmatrix}1 & 3\\2 & 1\end{bmatrix}$，$B=\begin{bmatrix}2 & 1\\-3 & 2\end{bmatrix}$，$C=\begin{bmatrix}-2 & -4\\3 & 1\end{bmatrix}$，则容易验证

$$A+B=\begin{bmatrix}1+2 & 3+1\\2-3 & 1+2\end{bmatrix}=\begin{bmatrix}3 & 4\\-1 & 3\end{bmatrix}$$

$$B+A=\begin{bmatrix}2+1 & 1+3\\-3+2 & 2+1\end{bmatrix}=\begin{bmatrix}3 & 4\\-1 & 3\end{bmatrix}$$

所以 $A+B=B+A$

$$(A+B)+C=\begin{bmatrix}3 & 4\\-1 & 3\end{bmatrix}+\begin{bmatrix}-2 & -4\\3 & 1\end{bmatrix}=\begin{bmatrix}1 & 0\\2 & 4\end{bmatrix}$$

$$A+(B+C)=\begin{bmatrix}1 & 3\\2 & 1\end{bmatrix}+\begin{bmatrix}0 & -3\\0 & 3\end{bmatrix}=\begin{bmatrix}1 & 0\\2 & 4\end{bmatrix}$$

所以$(A+B)+C=A+(B+C)$

二、数与矩阵相乘

定义 2.4 任意一个数 λ 和任一矩阵 $A=(a_{ij})_{m\times n}$的数乘运算为

$$kA=(ka_{ij})_{m\times n}=\begin{bmatrix} ka_{11} & ka_{12} & \cdots & ka_{1n} \\ ka_{21} & ka_{22} & \cdots & ka_{2n} \\ \cdots & \cdots & \cdots & \cdots \\ ka_{m1} & ka_{m2} & \cdots & ka_{mn} \end{bmatrix}.$$

故数 λ 与矩阵 A 的乘积就是 A 中所有元素都乘以 λ，要注意数 λ 与行列式 D 的乘积，只是用 λ 乘行列式中某一行或某一列，这两种数乘截然不同.

根据定义，很容易得到数与矩阵的乘法满足如下规律：

（Ⅰ）$(\lambda\mu)A=\lambda(\mu A)$；

（Ⅱ）$(\lambda+\mu)A=\lambda A+\mu A$；

（Ⅲ）$\lambda(A+B)=\lambda A+\lambda B$；

（Ⅳ）$1A=A$

其中 λ，μ 为数.

设矩阵 $A=(a_{ij})_{m\times n}$，记 $-A=(-1)A=(-a_{ij})_{m\times n}$，$-A$ 称为 A 的负矩阵，显然有

$$A+(-A)=O$$

其中 O 为各元素为零的同型矩阵，由此可以规定矩阵的减法为

$$A-B=A+(-B)$$

例 2.6 设 $\lambda=2$，$\mu=-1$，$A=\begin{bmatrix} 2 & -1 \\ 5 & 3 \end{bmatrix}$，$B=\begin{bmatrix} 4 & 2 \\ -3 & 4 \end{bmatrix}$，则

$$(\lambda\mu)A=-2\begin{bmatrix} 2 & -1 \\ 5 & 3 \end{bmatrix}=\begin{bmatrix} -4 & 2 \\ -10 & -6 \end{bmatrix}$$

$$\lambda(\mu A)=2\begin{bmatrix} -2 & 1 \\ -5 & -3 \end{bmatrix}=\begin{bmatrix} -4 & 2 \\ -10 & -6 \end{bmatrix}$$

所以$(\lambda\mu)A=\lambda(\mu A)$

$$(\lambda+\mu)A=1A=A$$

$$\lambda A+\mu A=\begin{bmatrix} 4 & -2 \\ 10 & 6 \end{bmatrix}+\begin{bmatrix} -2 & 1 \\ -5 & -3 \end{bmatrix}=\begin{bmatrix} 2 & -1 \\ 5 & 3 \end{bmatrix}=A$$

所以$(\lambda+\mu)A=\lambda A+\mu A$

$$\lambda(A+B)=2\begin{bmatrix}6&1\\2&7\end{bmatrix}=\begin{bmatrix}12&2\\4&14\end{bmatrix}$$

$$\lambda A+\lambda B=\begin{bmatrix}4&-2\\10&6\end{bmatrix}+\begin{bmatrix}8&4\\-6&8\end{bmatrix}=\begin{bmatrix}12&2\\4&14\end{bmatrix}$$

所以$\lambda(A+B)=\lambda A+\lambda B$

三、矩阵与矩阵相乘

设某地区有甲、乙两个工厂，每个工厂都生产Ⅰ、Ⅱ两种产品，用矩阵$A=(a_{ij})_{2\times2}$表示这两个工厂的年产量(单位：万个)，用矩阵$B=(b_{ij})_{2\times2}$表示这两种产品的单价(元/个)与利润(元/个)，用矩阵$C=(c_{ij})_{2\times2}$表示工厂销售这两种产品的总收入和总利润. 具体如下：

$$\begin{matrix} & \text{Ⅰ}\quad\text{Ⅱ} & & \text{单价 利润} & & \text{总收入总利润} \\ A= & \begin{bmatrix}10&30\\25&15\end{bmatrix}\begin{matrix}\text{甲}\\\text{乙}\end{matrix}, & B= & \begin{bmatrix}60&10\\75&20\end{bmatrix}\begin{matrix}\text{Ⅰ}\\\text{Ⅱ}\end{matrix}, & C= & \begin{bmatrix}2850&700\\2625&550\end{bmatrix}\begin{matrix}\text{甲}\\\text{乙}\end{matrix}\end{matrix}$$

易见，总收入c_{11}、c_{21}满足

$$c_{11}=a_{11}b_{11}+a_{12}b_{21}$$
$$c_{21}=a_{21}b_{11}+a_{22}b_{21}$$

总利润c_{12}、c_{22}满足

$$c_{12}=a_{11}b_{12}+a_{12}b_{22}$$
$$c_{22}=a_{21}b_{12}+a_{22}b_{22}$$

所以有

$$c_{ij}=a_{i1}b_{1j}+a_{i2}b_{2j}(i,j=1,2)$$

我们把矩阵C称为矩阵A与B的乘积.

定义 2.5 设$A=(a_{ij})_{m\times k}$，$B=(b_{ij})_{k\times n}$，则两个矩阵的乘积记为

$$AB=C=(c_{ij})_{m\times n}$$

其中$c_{ij}=a_{i1}b_{1j}+a_{i2}b_{2j}+\cdots+a_{ik}b_{kj}(i=1,2,\cdots,m;j=1,2,\cdots,n)$.

由定义2.5知，只有当第一个矩阵(左矩阵)A的列数与第二个矩阵(右矩阵)B的行数相等时，AB才有意义，而且矩阵AB的行数为A的行数，AB的列数为B的列数.

按此定义，一个$1\times k$行矩阵和一个$k\times1$列矩阵的乘积是一个数，即：

$$[a_{i1} \quad a_{i2} \quad \cdots \quad a_{ik}]\begin{bmatrix} b_{1j} \\ b_{2j} \\ \vdots \\ b_{kj} \end{bmatrix} = a_{i1}b_{1j} + a_{i2}b_{2j} + \cdots + a_{ik}b_{kj}$$

由此表明，乘积 AB 的第 i 行第 j 列元素，实际上就是 A 的第 i 行元素与 B 的第 j 列元素的乘积之和.

根据定义，可以得到矩阵与矩阵的乘法满足如下规律：

（Ⅰ）$(AB)C = A(BC)$；

（Ⅱ）$(A+B)C = AC+BC$，$C(A+B) = CA+CB$；

（Ⅲ）$\lambda(AB) = (\lambda A)B = A(\lambda B)$；

（Ⅳ）$EA = AE = A$.

其中 λ 为数，E 为单位矩阵.

例 2.7 设 $\lambda = 2$，$A = \begin{bmatrix} 2 & -1 \\ 5 & 3 \end{bmatrix}$，$B = \begin{bmatrix} 4 & 2 \\ -3 & 4 \end{bmatrix}$，$C = \begin{bmatrix} 1 & 2 \\ -1 & 3 \end{bmatrix}$，则

$$(AB)C = \begin{bmatrix} 2\times4+(-1)\times(-3) & 2\times2+(-1)\times4 \\ 5\times4+3\times(-3) & 5\times2+3\times4 \end{bmatrix}\begin{bmatrix} 1 & 2 \\ -1 & 3 \end{bmatrix} = \begin{bmatrix} 11 & 22 \\ -11 & 88 \end{bmatrix}$$

$$A(BC) = \begin{bmatrix} 2 & -1 \\ 5 & 3 \end{bmatrix}\begin{bmatrix} 4\times1+2\times(-1) & 4\times2+2\times3 \\ -3\times1+4\times(-1) & -3\times2+4\times3 \end{bmatrix} = \begin{bmatrix} 11 & 22 \\ -11 & 88 \end{bmatrix}$$

所以 $(AB)C = A(BC)$；

$$(A+B)C = \begin{bmatrix} 6 & 1 \\ 2 & 7 \end{bmatrix}\begin{bmatrix} 1 & 2 \\ -1 & 3 \end{bmatrix} = \begin{bmatrix} 5 & 15 \\ -5 & 25 \end{bmatrix}$$

$$AC+BC = \begin{bmatrix} 3 & 1 \\ 2 & 19 \end{bmatrix} + \begin{bmatrix} 2 & 14 \\ -7 & 6 \end{bmatrix} = \begin{bmatrix} 5 & 15 \\ -5 & 25 \end{bmatrix}$$

所以 $(A+B)C = AC+BC$.

矩阵与矩阵的乘法与普通数与数的乘法有所不同，下面通过几个例子说明.

(1) 如例 2.7

$$AB = \begin{bmatrix} 11 & 0 \\ 11 & 22 \end{bmatrix},\ BA = \begin{bmatrix} 18 & 2 \\ 14 & 15 \end{bmatrix},$$

所以，一般矩阵与矩阵的乘法不满足交换律，即一般 $AB \neq BA$.

(2) 设 $A = \begin{bmatrix} 2 & 4 \\ 1 & 2 \end{bmatrix}$，$B = \begin{bmatrix} 2 & -2 \\ -1 & 1 \end{bmatrix}$，则易得 $AB = 0$. 所以由 $AB = 0$ 推不

出 $A=0$ 或者 $B=0$.

(3)设 $A=\begin{bmatrix}2&4\\1&2\end{bmatrix}$, $B=\begin{bmatrix}2&-2\\-1&1\end{bmatrix}$, $C=\begin{bmatrix}4&2\\-2&-1\end{bmatrix}$, 则易得 $AB=0$, $AC=0$. 所以 $AB=AC$ 且 $A\neq0$, 但是 $B\neq C$.

所以矩阵与矩阵的乘法不满足消去律, 即 $AB=AC$ 且 $A\neq0$ 推不出 $B=C$.

根据矩阵乘法的定义和结合律, 就可以定义矩阵的幂.

设矩阵 A 是 n 阶方阵, 定义

$$A^k=\underbrace{A\cdot A\cdot\cdots\cdot A}_{k个}$$

其中 k 为正整数, 则称 A^k 为矩阵 A 的 k 次幂. 当 $k=0$ 时, 规定 $A^0=E$. 由结合律易得

$$A^k\cdot A^l=A^{k+l},\ (A^k)^l=A^{kl}$$

其中 k, l 为非负整数.

若两个 n 阶方阵 A 与 B 满足 $AB=BA$, 则称方阵 A 与 B 是可交换的.

当 A, B 为任意 n 阶矩阵时, 由于矩阵一般不满足交换律, 所以一般

$$(AB)^k\neq A^kB^k$$

只有当 A 与 B 是可交换的, 即 $AB=BA$ 时才有

$$(AB)^k=A^kB^k$$

例 2.8　已知矩阵

$$A=\begin{bmatrix}-1&2\\-2&4\end{bmatrix}$$

求 A^n.

解　因为

$$A=\begin{bmatrix}-1&2\\-2&4\end{bmatrix}=\begin{bmatrix}1\\2\end{bmatrix}\begin{bmatrix}-1&2\end{bmatrix}$$

所以

$$A^2=\begin{bmatrix}1\\2\end{bmatrix}\left(\begin{bmatrix}-1&2\end{bmatrix}\begin{bmatrix}1\\2\end{bmatrix}\right)\begin{bmatrix}-1&2\end{bmatrix}=3A$$

因此

$$A^n=3^{n-1}A=\begin{bmatrix}-3^{n-1}&2\cdot3^{n-1}\\-2\cdot3^{n-1}&4\cdot3^{n-1}\end{bmatrix}$$

由矩阵与矩阵乘法的定义，可以将第一节例 2. 3 中一般的线性方程组改为下面的形式：

$$AX = b$$

其中，

$$A = \begin{bmatrix} a_{11} & a_{12} & \cdots & a_{1n} \\ a_{21} & a_{22} & \cdots & a_{2n} \\ \cdots & \cdots & \cdots & \cdots \\ a_{m1} & a_{m2} & \cdots & a_{mn} \end{bmatrix},\ X = \begin{bmatrix} x_1 \\ x_2 \\ \vdots \\ x_n \end{bmatrix},\ b = \begin{bmatrix} b_1 \\ b_2 \\ \vdots \\ b_m \end{bmatrix}$$

所以第一节例 2. 2 的线性方程组可以写成如下矩阵形式：

$$\begin{bmatrix} 4 & 5 & -7 \\ 2 & -6 & -3 \end{bmatrix} \cdot \begin{bmatrix} x_1 \\ x_2 \\ x_3 \end{bmatrix} = \begin{bmatrix} 2 \\ 1 \end{bmatrix}$$

四、矩阵的转置

定义 2. 6 把一个 $m \times n$ 矩阵

$$A = \begin{bmatrix} a_{11} & a_{12} & \cdots & a_{1n} \\ a_{21} & a_{22} & \cdots & a_{2n} \\ \cdots & \cdots & \cdots & \cdots \\ a_{m1} & a_{m2} & \cdots & a_{mn} \end{bmatrix}$$

的行与列互换得到一个 $n \times m$ 矩阵，称为 A 的转置矩阵，记作 A^{T}，且

$$A^{\mathrm{T}} = \begin{bmatrix} a_{11} & a_{21} & \cdots & a_{m1} \\ a_{12} & a_{22} & \cdots & a_{m2} \\ \cdots & \cdots & \cdots & \cdots \\ a_{1n} & a_{2n} & \cdots & a_{mn} \end{bmatrix}$$

根据定义，可以得到矩阵的转置满足如下规律：

（Ⅰ）$(A^{\mathrm{T}})^{\mathrm{T}} = A$；

（Ⅱ）$(A+B)^{\mathrm{T}} = A^{\mathrm{T}} + B^{\mathrm{T}}$；

（Ⅲ）$(\lambda A)^{\mathrm{T}} = \lambda A^{\mathrm{T}}$；

（Ⅳ）$(AB)^{\mathrm{T}} = B^{\mathrm{T}} A^{\mathrm{T}}$

其中 λ 为数.

例 2.9 设 $\lambda=2$，$A=\begin{bmatrix}2&-1\\5&3\end{bmatrix}$，$B=\begin{bmatrix}4&2\\-3&4\end{bmatrix}$，则

$$(\lambda A^{\mathrm{T}}B)^{\mathrm{T}}=\left(2\begin{bmatrix}2&5\\-1&3\end{bmatrix}\begin{bmatrix}4&2\\-3&4\end{bmatrix}\right)^{\mathrm{T}}=\begin{bmatrix}-14&48\\-26&20\end{bmatrix}^{\mathrm{T}}=\begin{bmatrix}-14&-26\\48&20\end{bmatrix}$$

定义 2.7 设

$$A=\begin{bmatrix}a_{11}&a_{12}&\cdots&a_{1n}\\a_{21}&a_{22}&\cdots&a_{2n}\\\cdots&\cdots&\cdots&\cdots\\a_{n1}&a_{n2}&\cdots&a_{nn}\end{bmatrix}$$

为 n 阶方阵，如果 $A^{\mathrm{T}}=A$ 即 $a_{ij}=a_{ji}(i,j=1,2,\cdots,n)$，则称 A 为对称矩阵；如果 $A^{\mathrm{T}}=-A$ 即 $a_{ij}=-a_{ji}(i,j=1,2,\cdots,n)$，则称 A 为反对称矩阵.

对于反对称矩阵 A，由于 $a_{ii}=-a_{ii}$，所以 $a_{ii}=0(i=1,2,\cdots,n)$，即反对称矩阵主对角线上的元素全为零.

例 2.10 $A=\begin{bmatrix}1&5&3\\5&-1&0\\3&0&2\end{bmatrix}$是对称矩阵；$B=\begin{bmatrix}0&-3&0\\3&0&1\\0&-1&0\end{bmatrix}$是反对称矩阵.

五、方阵的行列式

定义 2.8 由 n 阶方阵

$$A=\begin{bmatrix}a_{11}&a_{12}&\cdots&a_{1n}\\a_{21}&a_{22}&\cdots&a_{2n}\\\cdots&\cdots&\cdots&\cdots\\a_{n1}&a_{n2}&\cdots&a_{nn}\end{bmatrix}$$

中的元素所构成的 n 阶行列式

$$\begin{vmatrix}a_{11}&a_{12}&\cdots&a_{1n}\\a_{21}&a_{22}&\cdots&a_{2n}\\\cdots&\cdots&\cdots&\cdots\\a_{n1}&a_{n2}&\cdots&a_{nn}\end{vmatrix}$$

叫做方阵 A 的行列式，记为 $|A|$ 或者 $\det A$.

根据定义，可以得到矩阵的行列式满足如下规律：

(Ⅰ) $|A^{\mathrm{T}}|=|A|$；

（Ⅱ）$|\lambda A| = \lambda^n |A|$；

（Ⅲ）$|AB| = |A||B|$；

其中 λ 为数，A，B 为 n 阶方阵.

例 2.11 设 $\lambda = 2$，$A = \begin{bmatrix} 2 & -1 \\ 5 & 3 \end{bmatrix}$，$B = \begin{bmatrix} 4 & 2 \\ -3 & 4 \end{bmatrix}$，则

$|A^{\mathrm{T}}| = \begin{vmatrix} 2 & 5 \\ -1 & 3 \end{vmatrix} = 11$，$|A| = 11$，所以 $|A^{\mathrm{T}}| = |A|$；

$|\lambda A| = \begin{vmatrix} 4 & -2 \\ 10 & 6 \end{vmatrix} = 44$，$\lambda^n |A| = 2^2 \cdot 11 = 44$，所以 $|\lambda A| = \lambda^n |A|$；

$|AB| = \begin{vmatrix} 11 & 0 \\ 11 & 22 \end{vmatrix} = 242$，$|A||B| = 11 \cdot 22 = 242$，所以 $|AB| = |A||B|$.

第三节　矩阵的逆

在我们熟悉的数的运算中，有倒数的概念，即若一个数 $a \neq 0$，则存在一个数 b，使得 $ab = ba = 1$，称 b 为 a 的倒数或逆元，记为 $b = a^{-1}$. 由倒数可以引进除法的概念，并且它的一个重要应用是求解一元一次方程：$ax = c$，若 $a \neq 0$，则方程的解为 $x = a^{-1}c$. 在矩阵的乘法中单位矩阵 E 相当于普通数的运算中的 1，所以对于一个方阵 A，可以考虑能不能找到类似 a^{-1} 作用的一个矩阵 B，使得 $AB = BA = E$，并且可以将它应用于求解线性方程，为此引入逆矩阵的概念.

定义 2.9 对于 n 阶方阵 A，若存在一个 n 阶方阵 B，使得

$$AB = BA = E$$

则称方阵 A 是可逆的或可逆矩阵，并称方阵 B 为 A 的逆矩阵.

从定义 2.9 可以看出，可逆矩阵和逆矩阵是同阶的方阵，所以可逆矩阵一定是方阵，但方阵不一定可逆. 另外，若矩阵不是方阵，则一定没有逆矩阵. 在这里矩阵 A 和矩阵 B 的地位是平等的，若 B 为 A 的逆矩阵，则 A 也为 B 的逆矩阵.

定理 2.1 如果方阵 A 可逆，则 A 的逆矩阵是唯一的，并把唯一的逆矩阵记为 A^{-1}.

证明 若 A 有两个逆矩阵 B、C，根据定义有

$$AB = BA = E，AC = CA = E，$$

所以

$$B=EB=(CA)B=C(AB)=CE=C,$$

因此 A 的逆矩阵是唯一的.

对于二阶可逆矩阵

$$A=\begin{bmatrix} a & b \\ c & d \end{bmatrix},\ ad\neq bc$$

设它的逆矩阵为:

$$B=\begin{bmatrix} e & f \\ g & h \end{bmatrix}$$

则由

$$AB=\begin{bmatrix} a & b \\ c & d \end{bmatrix}\begin{bmatrix} e & f \\ g & h \end{bmatrix}=\begin{bmatrix} ae+bg & af+bh \\ ce+dg & cf+dh \end{bmatrix}=E=\begin{bmatrix} 1 & 0 \\ 0 & 1 \end{bmatrix}$$

得两个方程组:

$$\begin{cases} ae+bg=1 \\ ce+dg=0 \end{cases},\ \begin{cases} af+bh=0 \\ cf+dh=1 \end{cases}$$

解这两个方程组即得:

$$e=\frac{d}{ad-bc},\ f=\frac{-b}{ad-bc},\ g=\frac{-c}{ad-bc},\ h=\frac{a}{ad-bc}$$

所以二阶可逆矩阵的逆矩阵公式为:

$$A^{-1}=\frac{1}{ad-bc}\begin{bmatrix} d & -b \\ -c & a \end{bmatrix}$$

逆矩阵具有以下性质：设 A, B 为同阶可逆矩阵, $\lambda\neq 0$ 为常数, 则

(1) A^{-1} 是可逆矩阵, 且 $(A^{-1})^{-1}=A$;

(2) AB 是可逆矩阵, 且 $(AB)^{-1}=B^{-1}A^{-1}$;

(3) λA 是可逆矩阵, 且 $(\lambda A)^{-1}=\frac{1}{\lambda}A^{-1}$;

(4) A^{T} 是可逆矩阵, 且 $(A^{\mathrm{T}})^{-1}=(A^{-1})^{\mathrm{T}}$;

(5) $|A^{-1}|=\frac{1}{|A|}$.

例 2.12　设 $\lambda=3$, $A=\begin{bmatrix} 1 & 2 \\ 2 & 2 \end{bmatrix}$, $B=\begin{bmatrix} 2 & 1 \\ 4 & 3 \end{bmatrix}$, 则

(1) 由二阶可逆矩阵的逆矩阵公式可得 $A^{-1}=\begin{bmatrix} -1 & 1 \\ 1 & -\frac{1}{2} \end{bmatrix}$, $(A^{-1})^{-1}=$

$\begin{bmatrix}1 & 2\\2 & 2\end{bmatrix}$，所以$(A^{-1})^{-1}=A$.

$$(2)\ (AB)^{-1}=\begin{bmatrix}10 & 7\\12 & 8\end{bmatrix}^{-1}=\begin{bmatrix}-2 & \frac{7}{4}\\3 & -\frac{5}{2}\end{bmatrix},$$

$$B^{-1}A^{-1}=\begin{bmatrix}\frac{3}{2} & -\frac{1}{2}\\-2 & 1\end{bmatrix}\begin{bmatrix}-1 & 1\\1 & -\frac{1}{2}\end{bmatrix}=\begin{bmatrix}-2 & \frac{7}{4}\\3 & -\frac{5}{2}\end{bmatrix},$$

所以$(AB)^{-1}=B^{-1}A^{-1}$

$$(3)\ (\lambda A)^{-1}=\begin{bmatrix}3 & 6\\6 & 6\end{bmatrix}=\begin{bmatrix}-\frac{1}{3} & \frac{1}{3}\\\frac{1}{3} & -\frac{1}{6}\end{bmatrix}=\frac{1}{3}\begin{bmatrix}-1 & 1\\1 & -\frac{1}{2}\end{bmatrix}=\frac{1}{\lambda}A^{-1}$$

$$(4)\ (A^{\mathrm{T}})^{-1}=\begin{bmatrix}1 & 2\\2 & 2\end{bmatrix}^{-1}=\begin{bmatrix}-1 & 1\\1 & -\frac{1}{2}\end{bmatrix}=(A^{-1})^{\mathrm{T}}$$

$$(5)\ |A|=-2,\ |A^{-1}|=\begin{vmatrix}-1 & 1\\1 & -\frac{1}{2}\end{vmatrix}=-\frac{1}{2},\ 所以|A^{-1}|=\frac{1}{|A|}$$

定理 2.2　如果方阵A可逆，则$|A|\neq 0$.

证明　若A可逆，则有A^{-1}使$AA^{-1}=E$，所以$|A||A^{-1}|=|AA^{-1}|=|E|=1$，所以$|A|\neq 0$. 为了得到逆矩阵的具体表达式，下面介绍伴随矩阵的概念.

定义 2.10　设$A=(a_{ij})_{n\times n}$，A_{ij}是$|A|$中元素a_{ij}的代数余子式，称n阶方阵

$$A^*=\begin{bmatrix}A_{11} & A_{21} & \cdots & A_{n1}\\A_{12} & A_{22} & \cdots & A_{n2}\\\cdots & \cdots & \cdots & \cdots\\A_{1n} & A_{2n} & \cdots & A_{nn}\end{bmatrix}$$

为矩阵A的伴随矩阵.

根据行列式的展开定理

$$a_{i1}A_{j1}+a_{i2}A_{j2}+\cdots+a_{in}A_{jn}=\begin{cases}|A| & i=j\\0 & i\neq j\end{cases}$$

$$a_{1i}A_{1j}+a_{2i}A_{2j}+\cdots+a_{ni}A_{nj}=\begin{cases}|A| & i=j\\ 0 & i\neq j\end{cases}$$

易得

$$AA^*=\begin{bmatrix}a_{11} & a_{12} & \cdots & a_{1n}\\ a_{21} & a_{22} & \cdots & a_{2n}\\ \cdots & \cdots & \cdots & \cdots\\ a_{m1} & a_{m2} & \cdots & a_{mn}\end{bmatrix}\begin{bmatrix}A_{11} & A_{21} & \cdots & A_{n1}\\ A_{12} & A_{22} & \cdots & A_{n2}\\ \cdots & \cdots & \cdots & \cdots\\ A_{1n} & A_{2n} & \cdots & A_{nn}\end{bmatrix}$$

$$=\begin{bmatrix}|A| & 0 & \cdots & 0\\ 0 & |A| & \cdots & 0\\ \cdots & \cdots & \cdots & \cdots\\ 0 & 0 & \cdots & |A|\end{bmatrix}=|A|E$$

$$AA^*=\begin{bmatrix}A_{11} & A_{21} & \cdots & A_{n1}\\ A_{12} & A_{22} & \cdots & A_{n2}\\ \cdots & \cdots & \cdots & \cdots\\ A_{1n} & A_{2n} & \cdots & A_{nn}\end{bmatrix}\begin{bmatrix}a_{11} & a_{12} & \cdots & a_{1n}\\ a_{21} & a_{22} & \cdots & a_{2n}\\ \cdots & \cdots & \cdots & \cdots\\ a_{m1} & a_{m2} & \cdots & a_{mn}\end{bmatrix}$$

$$=\begin{bmatrix}|A| & 0 & \cdots & 0\\ 0 & |A| & \cdots & 0\\ \cdots & \cdots & \cdots & \cdots\\ 0 & 0 & \cdots & |A|\end{bmatrix}=|A|E$$

当$|A|\neq 0$时，有

$$A\left(\frac{1}{|A|}A^*\right)=\left(\frac{1}{|A|}A^*\right)A=E$$

所以，由定义，A可逆，且$A^{-1}=\dfrac{1}{|A|}A^*$. 因此得到如下定理：

定理 2.3　如果A为n阶方阵，若$|A|\neq 0$，则A可逆，且$A^{-1}=\dfrac{1}{|A|}A^*$.

定理 2.3 表明，n阶方阵A可逆的充要条件是$|A|\neq 0$. 由定理 2.3 易得如下推论.

推论　对n阶方阵A、B，若$AB=E$（或$BA=E$），则A可逆，且$A^{-1}=B$.

证明　由$AB=E$得$|A||B|\neq 0$，所以$|A|\neq 0$，即A可逆且有唯一逆矩阵A^{-1}.

又$B=EB=(A^{-1}A)B=A^{-1}(AB)=A^{-1}E=A^{-1}$，所以，结论成立.

例 2.13 先判断矩阵 $A=\begin{bmatrix}1 & 2 & 2\\ 1 & -1 & 0\\ -1 & 2 & 1\end{bmatrix}$是否存在逆矩阵，若存在求逆矩阵；若不存在请说明理由.

解 因为$|A|=-1\neq0$，所以A^{-1}存在. 由于

$$A_{11}=-1,\ A_{21}=2,\ A_{31}=2,$$
$$A_{12}=-1,\ A_{22}=3,\ A_{32}=2,$$
$$A_{13}=1,\ A_{23}=-4,\ A_{33}=-3$$

所以

$$A^*=\begin{bmatrix}-1 & 2 & 2\\ -1 & 3 & 2\\ 1 & -4 & -3\end{bmatrix}$$

所以

$$A^{-1}=\frac{1}{|A|}A^*=\begin{bmatrix}1 & -2 & -2\\ 1 & -3 & -2\\ -1 & 4 & 3\end{bmatrix}$$

下面将应用矩阵的逆来求解一类线性方程组：

$$\begin{cases}a_{11}x_1+a_{12}x_2+\cdots+a_{1n}x_n=b_1\\ a_{21}x_1+a_{22}x_2+\cdots+a_{2n}x_n=b_2\\ \qquad\vdots\\ a_{n1}x_1+a_{n2}x_2+\cdots+a_{nn}x_n=b_n\end{cases}$$

由第二节知道该线性方程组可写为矩阵形式：

$$AX=b$$

其中，

$$A=\begin{bmatrix}a_{11} & a_{12} & \cdots & a_{1n}\\ a_{21} & a_{22} & \cdots & a_{2n}\\ \cdots & \cdots & \cdots & \cdots\\ a_{n1} & a_{n2} & \cdots & a_{nn}\end{bmatrix},\ X=\begin{bmatrix}x_1\\ x_2\\ \vdots\\ x_n\end{bmatrix},\ b=\begin{bmatrix}b_1\\ b_2\\ \vdots\\ b_n\end{bmatrix}$$

若矩阵 A 可逆，且逆矩阵为 A^{-1}，则用 A^{-1}乘以 $AX=b$ 两边即得：

$$X=EX=A^{-1}(AX)=A^{-1}b.$$

所以原线性方程组的解为 $A^{-1}b$.

例 2.14　求线性方程组

$$\begin{cases} x_1+2x_2+2x_3=5 \\ x_1-x_2=3 \\ -x_1+2x_2+x_3=2 \end{cases}$$

的解.

解　方程组的矩阵形式为

$$\begin{bmatrix} 1 & 2 & 2 \\ 1 & -1 & 0 \\ -1 & 2 & 1 \end{bmatrix}\begin{bmatrix} x_1 \\ x_2 \\ x_3 \end{bmatrix}=\begin{bmatrix} 5 \\ 3 \\ 2 \end{bmatrix}$$

设

$$A=\begin{bmatrix} 1 & 2 & 2 \\ 1 & -1 & 0 \\ -1 & 2 & 1 \end{bmatrix}$$

由例 2.13 知

$$A^{-1}=\begin{bmatrix} 1 & -2 & -2 \\ 1 & -3 & -2 \\ -1 & 4 & 3 \end{bmatrix}$$

所以

$$\begin{bmatrix} x_1 \\ x_2 \\ x_3 \end{bmatrix}=\begin{bmatrix} 1 & -2 & -2 \\ 1 & -3 & -2 \\ -1 & 4 & 3 \end{bmatrix}\begin{bmatrix} 5 \\ 3 \\ 2 \end{bmatrix}=\begin{bmatrix} -5 \\ -8 \\ 13 \end{bmatrix}$$

所以原方程组的解为：

$$x_1=-5,\ x_2=-8,\ x_3=13$$

第四节　矩阵的分块

对于阶数很高的矩阵，它的处理与运算非常复杂. 下面介绍一种有用的技巧——矩阵的分块.

一、分块矩阵的概念

将一个 $m\times n$ 矩阵 A 用若干条纵线和横线分成许多低阶矩阵，每一个低阶矩阵称为 A 的子块，以所分成的子块为元素的矩阵称为矩阵 A 的分块矩阵.

同一矩阵可以根据不同需要分成不同的分块矩阵. 最简单的情形就是对于矩阵 $A=(a_{ij})_{m\times n}$，以它的 m 个行向量做元素的分块矩阵，记为：

$$A=\begin{bmatrix}\alpha_1\\\alpha_2\\\vdots\\\alpha_m\end{bmatrix}$$

其中 $\alpha_i=[a_{i1}\quad a_{i2}\quad\cdots\quad a_{in}]$，$(i=1,2,\cdots,m)$. 以它的 n 个列向量做元素的分块矩阵，记为：

$$A=[\beta_1\quad\beta_2\quad\cdots\quad\beta_n]$$

其中 $\beta_i=[a_{1i}\quad a_{2i}\quad\cdots\quad a_{mi}]^{\mathrm{T}}$，$(i=1,2,\cdots,n)$.

设 n 阶方阵 A 分块后，非零子块只位于主对角线上，主对角线以外的其余子块均为零矩阵，即

$$A=\begin{bmatrix}A_1&0&\cdots&0\\0&A_2&\cdots&0\\\cdots&\cdots&\cdots&\cdots\\0&0&\cdots&A_s\end{bmatrix}$$

其中 $A_i(i=1,2,\cdots,s)$ 都为 $n_i\left(\sum n_i=n\right)$ 阶方阵，则称 A 为分块对角矩阵.

例 2.15 5 阶矩阵

$$A=\begin{bmatrix}1&1&0&0&0\\0&3&0&0&0\\0&0&-1&0&0\\0&0&0&5&2\\0&0&0&-2&0\end{bmatrix}$$

除了按其行向量或列向量将其分块外，还可以有如下分块方式：

若记

$$A_1=\begin{bmatrix}1&1\\0&3\end{bmatrix},\ A_2=[-1],\ A_3=\begin{bmatrix}5&2\\-2&0\end{bmatrix},$$

则矩阵可分块为：

$$A=\begin{bmatrix}A_1 & O & O\\ O & A_2 & O\\ O & O & A_3\end{bmatrix}$$

其中 O 为零矩阵，所以 A 为分块对角矩阵.

另记

$$A_1=\begin{bmatrix}1 & 1 & 0\\ 0 & 3 & 0\\ 0 & 0 & -1\end{bmatrix},\ A_2=\begin{bmatrix}5 & 2\\ -2 & 0\end{bmatrix},$$

则矩阵可分块为：

$$A=\begin{bmatrix}A_1 & O\\ O & A_2\end{bmatrix}$$

这样分块来看，A 也为分块对角矩阵.

当然矩阵 A 也可不分块成对角矩阵，若记

$$A_{11}=\begin{bmatrix}1 & 1\\ 0 & 3\end{bmatrix},\ A_{22}=\begin{bmatrix}-1 & 0\\ 0 & 5\\ 0 & -2\end{bmatrix},\ A_{23}=\begin{bmatrix}0\\ 2\\ 0\end{bmatrix},\ A_{12}=A_{13}=A_{21}=O$$

则矩阵分块为

$$A=\begin{bmatrix}A_{11} & O & O\\ O & A_{22} & A_{23}\end{bmatrix}.$$

由此例看出，矩阵有很多种分块方式，有的简单，有的麻烦，因此在实际分块时，要考虑矩阵元素分布特点和涉及的运算.

二、分块矩阵的运算

根据普通矩阵的运算规则，很容易得到分块矩阵的一些运算规则.

1. 分块矩阵的加法

设矩阵 A、B 为同型矩阵，且采用同样的分块方法得到分块矩阵

$$A=(A_{ij})_{r\times s}=\begin{bmatrix}A_{11} & A_{12} & \cdots & A_{1s}\\ A_{21} & A_{22} & \cdots & A_{2s}\\ \cdots & \cdots & \cdots & \cdots\\ A_{r1} & A_{r2} & \cdots & A_{rs}\end{bmatrix},\ B=(B_{ij})_{r\times s}=\begin{bmatrix}B_{11} & B_{12} & \cdots & B_{1s}\\ B_{21} & B_{22} & \cdots & B_{2s}\\ \cdots & \cdots & \cdots & \cdots\\ B_{r1} & B_{r2} & \cdots & B_{rs}\end{bmatrix}$$

其中 A_{ij} 和 B_{ij} 是同型矩阵，则

$$A+B=(A_{ij}+B_{ij})_{r\times s}=\begin{bmatrix} A_{11}+B_{11} & A_{12}+B_{12} & \cdots & A_{1s}+B_{1s} \\ A_{21}+B_{21} & A_{22}+B_{22} & \cdots & A_{2s}+B_{2s} \\ \cdots & \cdots & \cdots & \cdots \\ A_{r1}+B_{r1} & A_{r2}+B_{r2} & \cdots & A_{rs}+B_{rs} \end{bmatrix}$$

2. 分块矩阵的数量乘法

设分块矩阵

$$A=(A_{ij})_{r\times s}=\begin{bmatrix} A_{11} & A_{12} & \cdots & A_{1s} \\ A_{21} & A_{22} & \cdots & A_{2s} \\ \cdots & \cdots & \cdots & \cdots \\ A_{r1} & A_{r2} & \cdots & A_{rs} \end{bmatrix}$$

λ 为数，则

$$\lambda A=(\lambda A_{ij})_{r\times s}=\begin{bmatrix} \lambda A_{11} & \lambda A_{12} & \cdots & \lambda A_{1s} \\ \lambda A_{21} & \lambda A_{22} & \cdots & \lambda A_{2s} \\ \cdots & \cdots & \cdots & \cdots \\ \lambda A_{r1} & \lambda A_{r2} & \cdots & \lambda A_{rs} \end{bmatrix}$$

3. 分块矩阵的转置

设分块矩阵

$$A=(A_{ij})_{r\times s}=\begin{bmatrix} A_{11} & A_{12} & \cdots & A_{1s} \\ A_{21} & A_{22} & \cdots & A_{2s} \\ \cdots & \cdots & \cdots & \cdots \\ A_{r1} & A_{r2} & \cdots & A_{rs} \end{bmatrix}$$

则

$$A^{T}=\begin{bmatrix} A_{11}^{T} & A_{21}^{T} & \cdots & A_{r1}^{T} \\ A_{12}^{T} & A_{22}^{T} & \cdots & A_{r2}^{T} \\ \cdots & \cdots & \cdots & \cdots \\ A_{1s}^{T} & A_{2s}^{T} & \cdots & A_{rs}^{T} \end{bmatrix},$$

由此看出，转置时，不仅整个分块矩阵按块转置，其中每一个子块也要同时转置.

例 2.16 设

$$A=\left[\begin{array}{cc|c}2&0&0\\ \hline 0&5&-2\\0&3&-1\\0&0&0\end{array}\right]=\begin{bmatrix}A_{11}&A_{12}\\A_{21}&A_{22}\end{bmatrix},\ B=\left[\begin{array}{cc|c}1&-2&6\\ \hline -2&3&-2\\0&0&-7\\0&0&3\end{array}\right]=\begin{bmatrix}B_{11}&B_{12}\\B_{21}&B_{22}\end{bmatrix}$$

则

$$A+2B=\begin{bmatrix}A_{11}&A_{12}\\A_{21}&A_{22}\end{bmatrix}+\begin{bmatrix}2B_{11}&2B_{12}\\2B_{21}&2B_{22}\end{bmatrix}$$

$$=\begin{bmatrix}A_{11}+2B_{11}&A_{12}+2B_{12}\\A_{21}+2B_{21}&A_{22}+2B_{22}\end{bmatrix}=\left[\begin{array}{cc|c}4&-4&12\\ \hline -4&11&-6\\0&3&-15\\0&0&6\end{array}\right]$$

$$A^{\mathrm{T}}=\begin{bmatrix}A_{11}^{\mathrm{T}}&A_{21}^{\mathrm{T}}\\A_{12}^{\mathrm{T}}&A_{22}^{\mathrm{T}}\end{bmatrix}=\left[\begin{array}{c|ccc}2&0&0&0\\0&5&3&0\\ \hline 0&-2&-1&0\end{array}\right]$$

4. 分块矩阵的乘法

设矩阵 $A=(a_{ij})_{m\times n}$、$B=(b_{ij})_{n\times k}$，且它们的分块矩阵分别为：

$$A=(A_{ij})_{r\times s}=\begin{bmatrix}A_{11}&A_{12}&\cdots&A_{1s}\\A_{21}&A_{22}&\cdots&A_{2s}\\\cdots&\cdots&\cdots&\cdots\\A_{r1}&A_{r2}&\cdots&A_{rs}\end{bmatrix},\ B=(B_{ij})_{s\times t}=\begin{bmatrix}B_{11}&B_{12}&\cdots&B_{1t}\\B_{21}&B_{22}&\cdots&B_{2t}\\\cdots&\cdots&\cdots&\cdots\\B_{s1}&B_{s2}&\cdots&B_{st}\end{bmatrix}$$

其中 A_{i1}，A_{i2}，…，A_{is}的列数和 B_{1j}，B_{2j}，…，B_{sj}的行数相等，则

$$C=AB=(C_{ij})_{r\times t}=\begin{bmatrix}C_{11}&C_{12}&\cdots&C_{1t}\\C_{21}&C_{22}&\cdots&C_{2t}\\\cdots&\cdots&\cdots&\cdots\\C_{s1}&C_{s2}&\cdots&C_{st}\end{bmatrix}$$

其中

$$C_{ij}=\sum_{k=1}^{s}A_{ik}B_{kj},\ (i=1,2,\cdots,r;\ j=1,2,\cdots,t)$$

例 2.17 设

$$A=\begin{bmatrix}-1&1&0&0\\1&2&0&0\\1&1&1&0\\2&2&0&1\end{bmatrix},\ B=\begin{bmatrix}1&0&1&1\\0&1&0&-1\\0&0&3&-1\\0&0&0&2\end{bmatrix}$$

用分块矩阵计算 AB.

解 由题将矩阵 A, B 分块如下:

$$A=\left[\begin{array}{cc:cc}-1&1&0&0\\1&2&0&0\\\hdashline 1&1&1&0\\2&2&0&1\end{array}\right]=\begin{bmatrix}C&O\\D&E\end{bmatrix},\ B=\left[\begin{array}{cc:cc}1&0&1&1\\0&1&0&-1\\\hdashline 0&0&3&-1\\0&0&0&2\end{array}\right]=\begin{bmatrix}E&F\\O&G\end{bmatrix}$$

则

$$AB=\begin{bmatrix}C&O\\D&E\end{bmatrix}\begin{bmatrix}E&F\\O&G\end{bmatrix}=\begin{bmatrix}C&CF\\D&DF+G\end{bmatrix}$$

又

$$CF=\begin{bmatrix}-1&1\\1&2\end{bmatrix}\begin{bmatrix}1&1\\0&-1\end{bmatrix}=\begin{bmatrix}-1&-2\\1&-1\end{bmatrix}$$

$$DF+G=\begin{bmatrix}1&1\\2&2\end{bmatrix}\begin{bmatrix}1&1\\0&-1\end{bmatrix}+\begin{bmatrix}3&-1\\0&2\end{bmatrix}=\begin{bmatrix}4&-1\\2&2\end{bmatrix}$$

所以

$$AB=\begin{bmatrix}-1&1&-1&-2\\1&2&1&-1\\1&1&4&-1\\2&2&2&2\end{bmatrix}$$

5. 分块对角矩阵

设 n 阶方阵 A 的分块对角矩阵为

$$A=\begin{bmatrix}A_1&0&\cdots&0\\0&A_2&\cdots&0\\\cdots&\cdots&\cdots&\cdots\\0&0&\cdots&A_s\end{bmatrix}$$

则对于分块对角矩阵有以下结论:

(1) $|A|=|A_1||A_2|\cdots|A_s|$;

(2)分块对角矩阵 A 可逆的充分必要条件为 A_i 均可逆，即 $|A_i|\neq 0$ $(i=1,2,\cdots,s)$，且

$$A^{-1}=\begin{bmatrix}A_1^{-1} & & & \\ & A_2^{-1} & & \\ & & \ddots & \\ & & & A_s^{-1}\end{bmatrix}.$$

例 2.18　用分块矩阵的方法求例 2.15 中的矩阵的行列式和逆矩阵.

$$A=\begin{bmatrix}1 & 1 & 0 & 0 & 0\\ 0 & 3 & 0 & 0 & 0\\ 0 & 0 & -1 & 0 & 0\\ 0 & 0 & 0 & 5 & 2\\ 0 & 0 & 0 & -2 & 0\end{bmatrix}$$

解　由于一阶和二阶矩阵求行列式与逆矩阵很容易，所以我们采用例 2.15 中的第一种分块方式.

记

$$A_1=\begin{bmatrix}1 & 1\\ 0 & 3\end{bmatrix},\ A_2=[-1],\ A_3=\begin{bmatrix}5 & 2\\ -2 & 0\end{bmatrix},$$

则矩阵可分块为：

$$A=\begin{bmatrix}A_1 & O & O\\ O & A_2 & O\\ O & O & A_3\end{bmatrix}$$

由于

$$|A_1|=3,\ |A_2|=-1,\ |A_3|=4,\ A_1^{-1}=\begin{bmatrix}1 & -1\\ 0 & \frac{1}{3}\end{bmatrix},$$

$$A_2^{-1}=-1,\ A_3^{-1}=\begin{bmatrix}0 & -\frac{1}{2}\\ \frac{1}{2} & \frac{5}{4}\end{bmatrix},$$

所以

$$|A|=|A_1||A_2||A_3|=-12$$

$$A^{-1}=\begin{bmatrix}A_1^{-1}&0&0\\0&A_2^{-1}&0\\0&0&A_3^{-1}\end{bmatrix}=\begin{bmatrix}1&-1&0&0&0\\0&\frac{1}{3}&0&0&0\\0&0&-1&0&0\\0&0&0&0&-\frac{1}{2}\\0&0&0&\frac{1}{2}&\frac{5}{4}\end{bmatrix}$$

第五节 典型例题分析

例 2.19 $A=\begin{bmatrix}1&1&1\\1&1&-1\\1&-1&1\end{bmatrix}$, $B=\begin{bmatrix}1&2&3\\-1&-2&4\\0&5&1\end{bmatrix}$, 求 $3AB-2A$ 及 A^TB

解 由题易得, $AB=\begin{bmatrix}1&1&1\\1&1&-1\\1&-1&1\end{bmatrix}\begin{bmatrix}1&2&3\\-1&-2&4\\0&5&1\end{bmatrix}=\begin{bmatrix}0&5&8\\0&-5&6\\2&9&0\end{bmatrix}$,

所以 $3AB-2A=\begin{bmatrix}0&15&24\\0&-15&18\\6&27&0\end{bmatrix}-\begin{bmatrix}2&2&2\\2&2&-2\\2&-2&2\end{bmatrix}=\begin{bmatrix}-2&13&22\\-2&-17&20\\4&29&-2\end{bmatrix}$,

因 $A^T=A$, 即 A 为对称阵, 故

$$A^TB=AB=\begin{bmatrix}0&5&8\\0&-5&6\\2&9&0\end{bmatrix}.$$

例 2.20 设 $f(x)=2x^2-3x+1$, $A=\begin{bmatrix}2&1\\3&-1\end{bmatrix}$, 求 $f(A)$.

解 $A^2=\begin{bmatrix}2&1\\3&-1\end{bmatrix}\begin{bmatrix}2&1\\3&-1\end{bmatrix}=\begin{bmatrix}7&1\\3&4\end{bmatrix}$

$$f(A)=2A^2-3A+E=2\begin{bmatrix}7&1\\3&4\end{bmatrix}-3\begin{bmatrix}2&1\\3&-1\end{bmatrix}+\begin{bmatrix}1&0\\0&1\end{bmatrix}=\begin{bmatrix}9&-1\\-3&12\end{bmatrix}$$

例 2.21　计算下列矩阵：

(1) $\begin{bmatrix}1 & 1\\1 & 1\end{bmatrix}^n$；(2) $\begin{bmatrix}1 & a\\0 & 1\end{bmatrix}^n$

解　(1)由题易得：

$$\begin{bmatrix}1 & 1\\1 & 1\end{bmatrix}^2=\begin{bmatrix}1 & 1\\1 & 1\end{bmatrix}\begin{bmatrix}1 & 1\\1 & 1\end{bmatrix}=\begin{bmatrix}2 & 2\\2 & 2\end{bmatrix}=2\begin{bmatrix}1 & 1\\1 & 1\end{bmatrix}$$

$$\begin{bmatrix}1 & 1\\1 & 1\end{bmatrix}^3=\begin{bmatrix}1 & 1\\1 & 1\end{bmatrix}^2\begin{bmatrix}1 & 1\\1 & 1\end{bmatrix}=2\begin{bmatrix}1 & 1\\1 & 1\end{bmatrix}\begin{bmatrix}1 & 1\\1 & 1\end{bmatrix}=4\begin{bmatrix}1 & 1\\1 & 1\end{bmatrix}$$

$$\begin{bmatrix}1 & 1\\1 & 1\end{bmatrix}^4=\begin{bmatrix}1 & 1\\1 & 1\end{bmatrix}^3\begin{bmatrix}1 & 1\\1 & 1\end{bmatrix}=4\begin{bmatrix}1 & 1\\1 & 1\end{bmatrix}\begin{bmatrix}1 & 1\\1 & 1\end{bmatrix}=8\begin{bmatrix}1 & 1\\1 & 1\end{bmatrix}$$

…………，

所以，$\begin{bmatrix}1 & 1\\1 & 1\end{bmatrix}^n=\begin{bmatrix}1 & 1\\1 & 1\end{bmatrix}^{n-1}\begin{bmatrix}1 & 1\\1 & 1\end{bmatrix}=2^{n-2}\begin{bmatrix}1 & 1\\1 & 1\end{bmatrix}\begin{bmatrix}1 & 1\\1 & 1\end{bmatrix}=2^{n-1}\begin{bmatrix}1 & 1\\1 & 1\end{bmatrix}$

(2)由题易得：

$$\begin{bmatrix}1 & a\\0 & 1\end{bmatrix}^2=\begin{bmatrix}1 & a\\0 & 1\end{bmatrix}\begin{bmatrix}1 & a\\0 & 1\end{bmatrix}=\begin{bmatrix}1 & 2a\\0 & 1\end{bmatrix}$$

$$\begin{bmatrix}1 & a\\0 & 1\end{bmatrix}^3=\begin{bmatrix}1 & a\\0 & 1\end{bmatrix}^2\begin{bmatrix}1 & a\\0 & 1\end{bmatrix}=\begin{bmatrix}1 & 2a\\0 & 1\end{bmatrix}\begin{bmatrix}1 & a\\0 & 1\end{bmatrix}=\begin{bmatrix}1 & 3a\\0 & 1\end{bmatrix}$$

…………，

所以，$\begin{bmatrix}1 & a\\0 & 1\end{bmatrix}^n=\begin{bmatrix}1 & a\\0 & 1\end{bmatrix}^{n-1}\begin{bmatrix}1 & a\\0 & 1\end{bmatrix}=\begin{bmatrix}1 & (n-1)a\\0 & 1\end{bmatrix}\begin{bmatrix}1 & a\\0 & 1\end{bmatrix}=\begin{bmatrix}1 & na\\0 & 1\end{bmatrix}$

例 2.22　已知 $A=\begin{bmatrix}1 & 0 & 0\\2 & -1 & 0\\-1 & 0 & 1\end{bmatrix}$，$B=\begin{bmatrix}1 & -1 & 2\\0 & 1 & 2\\0 & 0 & -1\end{bmatrix}$，求 $|(BA)^{-1}|$.

解　由题易得，$|(BA)^{-1}|=|BA|^{-1}=(|B|\cdot|A|)^{-1}=1$.

例 2.23　求与 $A=\begin{bmatrix}1 & 1\\0 & 1\end{bmatrix}$ 可交换的所有矩阵.

解　若矩阵 B 与 A 可交换，即 $AB=BA$，则 B 为 2 阶方阵. 设 $B=\begin{bmatrix}a & b\\c & d\end{bmatrix}$，则

$$AB=\begin{bmatrix}1&1\\0&1\end{bmatrix}\begin{bmatrix}a&b\\c&d\end{bmatrix}=\begin{bmatrix}a+c&b+d\\c&d\end{bmatrix},$$

$$BA=\begin{bmatrix}a&b\\c&d\end{bmatrix}\begin{bmatrix}1&1\\0&1\end{bmatrix}=\begin{bmatrix}a&a+b\\c&c+d\end{bmatrix}$$

由 $AB=BA$ 得

$$\begin{bmatrix}a+c&b+d\\c&d\end{bmatrix}=\begin{bmatrix}a&a+b\\c&c+d\end{bmatrix}$$

解 得 $c=0$, $d=a$. 因此

$B=\begin{bmatrix}a&b\\0&a\end{bmatrix}$, 其中 a, b 为任意数.

例 2.24 利用逆矩阵求以下方程的解:

(1) $\begin{bmatrix}1&-1&0\\2&-1&2\\3&-2&1\end{bmatrix}X=\begin{bmatrix}2&0&0\\0&2&0\\0&0&2\end{bmatrix}$;

(2) $X\begin{bmatrix}2&1&-1\\2&1&0\\1&-1&1\end{bmatrix}=\begin{bmatrix}1&-1&3\\4&3&2\end{bmatrix}$.

解 记矩阵 $A=\begin{bmatrix}1&-1&0\\2&-1&2\\3&-2&1\end{bmatrix}$, 则其伴随矩阵

$$A^*=\begin{bmatrix}3&1&-2\\4&1&-2\\-1&-1&1\end{bmatrix}$$

将 $|A|$ 按第 1 行展开, 得

$|A|=1\times3+(-1)\times4+0\times(-1)=-1$,

因此 A 可逆, 且有

$$A^{-1}=\frac{1}{|A|}A^*=\begin{bmatrix}-3&-1&2\\-4&-1&2\\1&1&-1\end{bmatrix}$$

故所求解为

$$X=\begin{bmatrix}-3&-1&2\\-4&-1&2\\1&1&-1\end{bmatrix}\begin{bmatrix}2&0&0\\0&2&0\\0&0&2\end{bmatrix}=\begin{bmatrix}-6&-2&4\\-8&-2&4\\2&2&-2\end{bmatrix}.$$

(2)

记矩阵 $A=\begin{bmatrix}2&1&-1\\2&1&0\\1&-1&1\end{bmatrix}$，其伴随矩阵

$$A^*=\begin{bmatrix}1&0&1\\-2&3&-2\\-3&3&0\end{bmatrix}$$

将 $|A|$ 按第 1 行展开，得

$|A=2\times1+1\times(-2)+(-1)\times(-3)=3|$

因此 A 可逆，且有

$$A^{-1}=\frac{1}{|A|}A^*=\frac{1}{3}\begin{bmatrix}1&0&1\\-2&3&-2\\-3&3&0\end{bmatrix}$$

所求解为

$$X=\begin{bmatrix}1&-1&3\\4&3&2\end{bmatrix}\cdot\frac{1}{3}\begin{bmatrix}1&0&1\\-2&3&-2\\-3&3&0\end{bmatrix}=\begin{bmatrix}-2&2&1\\-\frac{8}{3}&5&-\frac{2}{3}\end{bmatrix}.$$

例 2.25 设 $A=\begin{bmatrix}3&0&1\\1&1&0\\0&1&4\end{bmatrix}$，且 $AB=A+2B$，求 B.

解 由 $AB=A+2B$，得 $(A-2I)B=A$

又 $A-2I=\begin{bmatrix}1&0&1\\1&-1&0\\0&1&2\end{bmatrix}$，$(A-2I)^*=\begin{bmatrix}-2&1&1\\-2&2&1\\1&-1&-1\end{bmatrix}$，$|A-2I|=-1$，

所以 $A-2I$ 可逆，且有

$$(A-2I)^{-1}=\frac{1}{|A-2I|}(A-2I)^*=\begin{bmatrix}2&-1&-1\\2&-2&-1\\-1&1&1\end{bmatrix},$$

由 $(A-2I)B=A$，得

$$B=(A-2I)^{-1}A=\begin{bmatrix}2&-1&-1\\2&-2&-1\\-1&1&1\end{bmatrix}\begin{bmatrix}3&0&1\\1&1&0\\0&1&4\end{bmatrix}=\begin{bmatrix}5&-2&-2\\4&-3&-2\\-2&2&3\end{bmatrix}.$$

例 2.26　求解矩阵方程 $AXB=C^T$. 其中

$$A=\begin{bmatrix}1&2&3\\2&2&1\\3&4&3\end{bmatrix},\ B=\begin{bmatrix}2&1\\5&3\end{bmatrix},\ C=\begin{bmatrix}1&2&3\\3&0&1\end{bmatrix}$$

解　由 $AXB=C^T$, 若 A^{-1}, B^{-1}存在, 则用 A^{-1}左乘、B^{-1}右乘所求矩阵方程两边, 有

$$A^{-1}AXBB^{-1}=A^{-1}C^TB^{-1},$$

得 $X=A^{-1}C^TB^{-1}$.

计算可知 $|A|\neq 0$ 且 $|B|\neq 0$, 故可知 A, B 都可逆且

$$A^{-1}=\begin{bmatrix}1&3&-2\\-\frac{3}{2}&-3&\frac{5}{2}\\1&1&-1\end{bmatrix},\ B^{-1}=\begin{bmatrix}3&-1\\-5&2\end{bmatrix}.$$

于是

$$X=A^{-1}C^TB^{-1}=\begin{bmatrix}1&3&-2\\-\frac{3}{2}&-3&\frac{5}{2}\\1&1&-1\end{bmatrix}\begin{bmatrix}1&3\\2&0\\3&1\end{bmatrix}\begin{bmatrix}3&-1\\-5&2\end{bmatrix}$$

$$=\begin{bmatrix}1&1\\0&-2\\0&2\end{bmatrix}\begin{bmatrix}3&-1\\-5&2\end{bmatrix}=\begin{bmatrix}-2&1\\10&-4\\-10&4\end{bmatrix}$$

例 2.27　设 $A=\begin{bmatrix}2&1&0&0\\1&-2&0&0\\0&0&2&0\\0&0&2&2\end{bmatrix}$, 求 $|A^8|$ 和 A^8.

解　令 $A_1=\begin{bmatrix}2&1\\1&-2\end{bmatrix}$, $A_2=\begin{bmatrix}2&0\\2&2\end{bmatrix}$, 则 $|A_1|=-5$, $|A_2|=4$,

$$A_1^2=\begin{bmatrix}2&1\\1&-2\end{bmatrix}\begin{bmatrix}2&1\\1&-2\end{bmatrix}=\begin{bmatrix}5&0\\0&5\end{bmatrix},\ A_1^8=\begin{bmatrix}5^4&0\\0&5^4\end{bmatrix},$$

$$A_2^8=2^8\begin{bmatrix}1&0\\1&1\end{bmatrix}^8=2^8\begin{bmatrix}1&0\\8&1\end{bmatrix}=\begin{bmatrix}2^8&0\\2^{11}&2^8\end{bmatrix},$$

所以, $|A^8|=|A|^8=(|A_1|\cdot|A_2|)^8=(-20)^8=20^8$,

所以

$$A^8=\begin{bmatrix}A_1^8 & \\ & A_2^8\end{bmatrix}=\begin{bmatrix}5^4 & 0 & 0 & 0\\ 0 & 5^4 & 0 & 0\\ 0 & 0 & 2^8 & 0\\ 0 & 0 & 2^{11} & 2^8\end{bmatrix}.$$

习题二

1. 设 $A=\begin{bmatrix}1&3\\-2&0\\1&-2\end{bmatrix}$, $B=\begin{bmatrix}0&-1\\2&3\\1&1\end{bmatrix}$, $C=\begin{bmatrix}3&1\\0&1\\2&0\end{bmatrix}$, 求:

(1) $2A-B+C$; (2) $A^{\mathrm{T}}+2B$; (3) $B^{\mathrm{T}}C-A$; (4) 求矩阵 D, 使得 $A+D=C$.

2. 求下列矩阵的乘积:

(1) $[2\quad -1\quad 3]\begin{bmatrix}3\\2\end{bmatrix}$与$\begin{bmatrix}3\\2\end{bmatrix}[2\quad -1\quad 3]$; (2) $\begin{bmatrix}1&-1&3\\-1&2&1\end{bmatrix}\begin{bmatrix}1&0&4\\-3&1&0\\0&2&1\end{bmatrix}$;

(3) $\begin{bmatrix}1&2&-1\\0&-2&3\\0&0&1\end{bmatrix}\begin{bmatrix}6\\2\\3\end{bmatrix}$; (4) $[x_1\quad x_2\quad x_3]\begin{bmatrix}a_{11}&a_{12}&a_{13}\\a_{21}&a_{22}&a_{23}\\a_{31}&a_{32}&a_{33}\end{bmatrix}\begin{bmatrix}x_1\\x_2\\x_3\end{bmatrix}$.

3. 设 $AB=BA$, 证明:

(1) $(A+B)^2=A^2+2AB+B^2$; (2) $(A+B)(A-B)=A^2-B^2$;

(3) 对任意非负整数 k, $A^kB=BA^k$.

4. 设 A 为任意方阵, 试证明 $A+A^{\mathrm{T}}$ 及 AA^{T} 均为对称矩阵.

5. 把下列线性方程组写成矩阵形式:

(1) $\begin{cases}3x_1+x_2-2x_3=1\\x_1-2x_2-x_3=5\end{cases}$; (2) $\begin{cases}x_1+x_2-x_3=4\\x_1+2x_2-2x_3=6.\\2x_1-x_2+2x_3=1\end{cases}$

6. 设 $A=\begin{bmatrix}1&2&3\\4&5&8\\3&4&6\end{bmatrix}$, 求 A^*, AA^*, A^*A, A^{-1}.

7. 求下列矩阵的逆矩阵:

(1) $\begin{bmatrix}\cos\alpha&\sin\alpha\\-\sin\alpha&\cos\alpha\end{bmatrix}$; (2) $\begin{bmatrix}1&2&-1\\3&4&-2\\5&-4&1\end{bmatrix}$.

8. 设 k 为正整数, 且 $A^k=0$, 验证: $(E-A)^{-1}=E+A+A^2+\cdots+A^{k-1}$.

9. 求下列方程中的矩阵 X:

(1) $X\begin{bmatrix}-4 & 2\\5 & -1\end{bmatrix}=\begin{bmatrix}6 & 0\\8 & 2\end{bmatrix}$；　(2) $\begin{bmatrix}3 & -2 & 3\\-2 & 1 & -4\\-3 & 3 & 1\end{bmatrix}X=\begin{bmatrix}-2\\3\\1\end{bmatrix}$.

10. 用逆矩阵求下列线性方程组：

(1) $\begin{cases}x_1+x_2-x_3=4\\x_1+2x_2-2x_3=6\\2x_1-x_2+2x_3=1\end{cases}$；(2) $\begin{cases}x_1-x_2-x_3=2\\2x_1-x_2-3x_3=1\\-3x_1-2x_2+5x_3=0\end{cases}$

11. 利用分块矩阵，求下列矩阵的逆矩阵：

(1) $\begin{bmatrix}1 & 1 & 0 & 0\\-1 & 3 & 0 & 0\\0 & 0 & -2 & 0\\0 & 0 & 0 & 1\end{bmatrix}$；(2) $\begin{bmatrix}1 & 3 & 0 & 0 & 0\\2 & 8 & 0 & 0 & 0\\0 & 0 & 1 & 0 & 1\\0 & 0 & 2 & 3 & 2\\0 & 0 & 3 & 1 & 1\end{bmatrix}$

12. 设 $A=\begin{bmatrix}5 & 2 & 0 & 0\\2 & 1 & 0 & 0\\0 & 0 & 8 & 3\\0 & 0 & 5 & 12\end{bmatrix}$，$B=\begin{bmatrix}3 & 2 & 0 & 0\\4 & 5 & 0 & 0\\0 & 0 & 4 & 1\\0 & 0 & 6 & 2\end{bmatrix}$，利用分块矩阵，求：

(1) AB；(2) $AB-BA$；(3) A^{T}；(4) A^{-1}.

13. 设 $A=\begin{bmatrix}3 & 4 & 0 & 0\\4 & -3 & 0 & 0\\0 & 0 & 2 & 0\\0 & 0 & 2 & 2\end{bmatrix}$，求 A^4 及 $|A^8|$.

本章归纳总结

- 矩阵
  - 概念
    - m 行 n 列的数表 $A=(a_{ij})_{m\times n}$；
    - 常用矩阵：行矩阵 $A=(a_{ij})_{1\times n}$、列矩阵 $A=(a_{ij})_{n\times 1}$，方阵 $A_n=(a_{ij})_{n\times n}$等；
  - 运算
    - 运算法则
      - $A+B=(a_{ij}+b_{ij})_{m\times n}$
      - $kA=(kaij)_{mxn}$
      - $AB=C=(c_{ij})_{m\times 2}$，
      - 其中 $c_{ij}=a_{i1}b_{1j}+a_{i2}b_{2j}+\cdots+a_{ik}b_{kj}$
      - $(i=1,2,\cdots,m;j=1,2,\cdots,n)$
      - $A^{T}=(a_{ji})_{m\times n}$
      - $|A|=\det A$
    - 运算性质；
  - 逆矩阵：
    - 定义；满足 $AB=BA=E$ 的 n 阶方阵 B；
    - 性质：$(A^{-1})^{-1}=A$，$(AB)^{-1}=B^{-1}A^{-1}$，
    - $(\lambda A)^{-1}=\dfrac{1}{\lambda}A^{-1}$，$(A^{T})^{-1}=(A^{-1})^{T}$
    - $|A^{-1}|=\dfrac{1}{|A|}$
    - 求法：
      - 用定义；
      - 用伴随矩阵 $A^{-1}=\dfrac{1}{|A|}A^{*}$
  - 分块：
    - 概念；
    - 运算：加法，数量乘法，转置，乘法；

第三章

向量组与矩阵

本章介绍 n 维向量的概念及其运算，讨论向量的线性关系、向量组的极大无关组、矩阵的秩以及矩阵的初等变换及其应用. 这些内容是线性代数中最基本的问题，也是学习后三章必不可少的基础知识.

内容提要	向量的概念、运算，向量的线性组合与线性表示，向量组的线性相关与线性无关，向量组的极大线性无关组，等价向量组，向量组的秩，矩阵的秩，矩阵的初等变换及其应用
基本要求	1. 了解向量的概念，掌握向量的加法和数乘运算； 2. 理解向量的线性组合与线性表示的概念，理解向量组线性相关、线性无关的概念，掌握向量组线性相关、线性无关的有关性质及判别法； 3. 理解向量组的极大线性无关组的概念，了解向量组等价的概念，理解向量组秩和矩阵的秩的概念； 4. 掌握矩阵的初等变换，会用初等变换法求向量组的极大线性无关组及秩、求矩阵的秩和矩阵的逆矩阵、求解矩阵方程
重点难点	重点：向量组的线性相关、线性无关的性质及判别，向量组的最大无关组，向量组的秩和矩阵的秩，矩阵的初等变换及其应用. 难点：向量组的线性相关、线性无关的概念及其判别，向量组的秩、最大无关组，矩阵的初等变换及其应用

第一节 n 维向量

一、n 维向量的定义

中学阶段，我们已经学习了二维和三维向量的概念及其运算，下面将其

推广到 n 维情形.

定义 3.1 n 个有序数 $a_1, a_2, \cdots, a_n$ 所组成的有序数组

$$(a_1, a_2, \cdots, a_n) \text{或者} \begin{pmatrix} a_1 \\ a_2 \\ \vdots \\ a_n \end{pmatrix}$$

分别称为一个 n 维行向量、列向量，记作

$$\boldsymbol{\alpha} = (a_1, a_2, \cdots, a_n) \text{或者} \boldsymbol{\beta} = \begin{pmatrix} a_1 \\ a_2 \\ \vdots \\ a_n \end{pmatrix}$$

其中数 $a_1, a_2, \cdots, a_n$ 叫作向量的分量，第 i 个数 a_i 称为向量的第 i 个分量.

一个 n 维行向量就是一个 $1 \times n$ 矩阵，一个 n 维列向量就是一个 $n \times 1$ 矩阵，因此行向量和列向量总被看作是两个不同的向量. 本书中，向量一般用小写希腊字母 α, β, γ 等表示，所讨论的向量在没有指明是行向量还是列向量时，都当作列向量.

二、向量相等

和矩阵相等一样，两个向量相等等价于对应分量相等. 例如，两个 n 维行向量 $\boldsymbol{\alpha} = (a_1, a_2, \cdots, a_n)$，$\boldsymbol{\beta} = (b_1, b_2, \cdots, b_n)$，则 $\boldsymbol{\alpha} = \boldsymbol{\beta}$ 当且仅当 $a_i = b_i$，$i = 1, \cdots, n$.

三、零向量与负向量

分量全为零的向量称为零向量，记作 0，以行向量为例，即 $0 = (0, 0, \cdots, 0)$.

向量 $\boldsymbol{\alpha}$ 中的每个分量都变号后得到的向量，称为 $\boldsymbol{\alpha}$ 的负向量，记作 $-\boldsymbol{\alpha}$. 以行向量为例，设 $\boldsymbol{\alpha} = (a_1, a_2, \cdots, a_n)$，则 $-\boldsymbol{\alpha} = (-a_1, -a_2, \cdots, -a_n)$.

四、向量的线性运算

和矩阵一样，向量有加法和数乘两种线性运算.

1. *加法运算*

两个向量相加等于对应分量相加后所得向量. 以 n 维行向量为例，设 $\boldsymbol{\alpha}$

$=(a_1, a_2, \cdots, a_n)$, $\boldsymbol{\beta}=(b_1, b_2, \cdots, b_n)$, 则 $\boldsymbol{\alpha}+\boldsymbol{\beta}=(a_1+b_1, a_2+b_2, \cdots, a_n+b_n)$.

2. 数乘运算

一个数乘以一个向量等于用该数乘以向量每个分量后所得向量. 以 n 维行向量为例, 设 $\boldsymbol{\alpha}=(a_1, a_2, \cdots, a_n)$, k 为数, 则 $k\boldsymbol{\alpha}=(ka_1, ka_2, \cdots, ka_n)$.

例 3.1　设 $5(\boldsymbol{\alpha}_1+\boldsymbol{\beta})-2(\boldsymbol{\beta}-2\boldsymbol{\alpha}_2)=\boldsymbol{\alpha}_2$, 其中, $\boldsymbol{\alpha}_1=\begin{pmatrix}1\\0\\-1\end{pmatrix}$, $\boldsymbol{\alpha}_2=\begin{pmatrix}-2\\1\\1\end{pmatrix}$, 求 $\boldsymbol{\beta}$.

解　由题意知 $5\boldsymbol{\alpha}_1+5\boldsymbol{\beta}-2\boldsymbol{\beta}+4\boldsymbol{\alpha}_2=\boldsymbol{\alpha}_2$, 整理得 $3\boldsymbol{\beta}=-5\boldsymbol{\alpha}_1-3\boldsymbol{\alpha}_2$, 即

$$\boldsymbol{\beta}=-\frac{5}{3}\boldsymbol{\alpha}_1-\boldsymbol{\alpha}_2=-\frac{5}{3}\begin{pmatrix}1\\0\\-1\end{pmatrix}-\begin{pmatrix}-2\\1\\1\end{pmatrix}=\begin{pmatrix}\frac{1}{3}\\-1\\\frac{2}{3}\end{pmatrix}$$

注意　两个同样是 n 维的行(列)向量之间有加法和数乘运算, 且运算结果仍为 n 维行(列)向量, 但这两个向量之间没有乘法运算.

第二节　向量组的线性关系

一、向量的线性组合

若干个同维数的列向量(行向量)所组成的集合称为向量组.

定义 3.2　设 $\boldsymbol{\alpha}_1, \boldsymbol{\alpha}_2, \cdots, \boldsymbol{\alpha}_m, \boldsymbol{\beta}$ 是一组 n 维向量, 如果存在一组数 $k_1, k_2, \cdots, k_m$, 使得

$$\boldsymbol{\beta}=k_1\boldsymbol{\alpha}_1+k_2\boldsymbol{\alpha}_2+\cdots+k_m\boldsymbol{\alpha}_m$$

成立, 则称向量 $\boldsymbol{\beta}$ 是向量组 $\boldsymbol{\alpha}_1, \boldsymbol{\alpha}_2, \cdots, \boldsymbol{\alpha}_m$ 的一个线性组合, 也称 $\boldsymbol{\beta}$ 可以由 $\boldsymbol{\alpha}_1, \boldsymbol{\alpha}_2, \cdots, \boldsymbol{\alpha}_m$ 线性表出.

例如, 设 $\boldsymbol{\alpha}_1=\begin{pmatrix}1\\0\\-1\end{pmatrix}$, $\boldsymbol{\alpha}_2=\begin{pmatrix}-2\\1\\1\end{pmatrix}$, $\boldsymbol{\beta}=\begin{pmatrix}1\\-3\\2\end{pmatrix}$. 由于 $\boldsymbol{\beta}=-5\boldsymbol{\alpha}_1-3\boldsymbol{\alpha}_2$, 故 $\boldsymbol{\beta}$ 可由 $\boldsymbol{\alpha}_1, \boldsymbol{\alpha}_2$ 线性表出.

注:

(1)如果 $\boldsymbol{\beta}=k\boldsymbol{\alpha}$ 或 $\boldsymbol{\alpha}=k\boldsymbol{\beta}$，则称 $\boldsymbol{\alpha}$，$\boldsymbol{\beta}$ 成比例.

(2)零向量可以由任意向量组 $\boldsymbol{\alpha}_1,\boldsymbol{\alpha}_2,\cdots,\boldsymbol{\alpha}_m$ 线性表出($0=0\cdot\boldsymbol{\alpha}_1+0\cdot\boldsymbol{\alpha}_2+\cdots+0\cdot\boldsymbol{\alpha}_m$).

(3)向量组 $\boldsymbol{\alpha}_1,\boldsymbol{\alpha}_2,\cdots,\boldsymbol{\alpha}_m$ 中任意一个向量 $\boldsymbol{\alpha}_i$ 可以由向量组 $\boldsymbol{\alpha}_1,\boldsymbol{\alpha}_2,\cdots,\boldsymbol{\alpha}_m$ 线性表出($\boldsymbol{\alpha}_i=0\cdot\boldsymbol{\alpha}_1+0\cdot\boldsymbol{\alpha}_2+\cdots+1\cdot\boldsymbol{\alpha}_i+\cdots+0\cdot\boldsymbol{\alpha}_m$).

(4)任意 n 维向量 $\boldsymbol{\alpha}=(a_1,a_2,\cdots,a_n)$可由单位向量组

$$\varepsilon_1=(1,0,\cdots,0),\ \varepsilon_2=(0,1,\cdots,0),\ \cdots,\ \varepsilon_n=(0,0,\cdots,1)$$

线性表出($\alpha=a_1\varepsilon_1+a_2\varepsilon_2+\cdots+a_n\varepsilon_n$).

二、向量组等价

定义 3.3　设有相同维数的向量组 $\boldsymbol{\alpha}_1,\boldsymbol{\alpha}_2,\cdots,\boldsymbol{\alpha}_s$ 和 $\boldsymbol{\beta}_1,\boldsymbol{\beta}_2,\cdots,\boldsymbol{\beta}_t$. 若每个向量 $\boldsymbol{\alpha}_i$ 可以由向量组 $\boldsymbol{\beta}_1,\boldsymbol{\beta}_2,\cdots,\boldsymbol{\beta}_t$ 线性表出，则称向量组 $\boldsymbol{\alpha}_1,\boldsymbol{\alpha}_2,\cdots,\boldsymbol{\alpha}_s$ 可以由向量组 $\boldsymbol{\beta}_1,\boldsymbol{\beta}_2,\cdots,\boldsymbol{\beta}_t$ 线性表出. 如果两个向量组可以互相线性表出，则称两个向量组等价.

注意　两个等价向量组所含向量个数不一定相同.

向量组等价满足:

(1)反身性(向量组 A 与它本身等价);

(2)对称性(若向量组 A 与向量组 B 等价，则向量组 B 与向量组 A 等价);

(3)传递性(若向量组 A 与向量组 B 等价，向量组 B 与向量组 C 等价，则向量组 A 与向量组 C 等价).

三、向量组的线性相关性

定义 3.4　给定向量组 $\boldsymbol{\alpha}_1,\boldsymbol{\alpha}_2,\cdots,\boldsymbol{\alpha}_m$，若存在 m 个不全为零的数 $k_1,k_2,\cdots,k_m$，使得 $k_1\boldsymbol{\alpha}_1+k_2\boldsymbol{\alpha}_2+\cdots+k_m\boldsymbol{\alpha}_m=0$，则称向量组 $\boldsymbol{\alpha}_1,\boldsymbol{\alpha}_2,\cdots,\boldsymbol{\alpha}_m$ 线性相关. 否则，称向量组 $\boldsymbol{\alpha}_1,\boldsymbol{\alpha}_2,\cdots,\boldsymbol{\alpha}_m$ 线性无关.

例如，给定向量组 $\boldsymbol{\alpha}_1,\boldsymbol{\alpha}_2,\boldsymbol{\alpha}_3$，其中

$$\boldsymbol{\alpha}_1=\begin{pmatrix}1\\0\\-1\end{pmatrix},\ \boldsymbol{\alpha}_2=\begin{pmatrix}-2\\1\\1\end{pmatrix},\ \boldsymbol{\alpha}_3=\begin{pmatrix}1\\-3\\2\end{pmatrix}$$

由于存在不全为零的数 $k_1=5,k_2=3,k_3=1$，使得 $k_1\boldsymbol{\alpha}_1+k_2\boldsymbol{\alpha}_2+k_3\boldsymbol{\alpha}_3=0$(即 $5\boldsymbol{\alpha}_1+3\boldsymbol{\alpha}_2+\boldsymbol{\alpha}_3=0$)，故向量组 $\boldsymbol{\alpha}_1,\boldsymbol{\alpha}_2,\boldsymbol{\alpha}_3$ 线性相关.

一个给定的向量组不是线性相关就是线性无关，二者必居其一. 对于单个向量 $\boldsymbol{\alpha}$ 构成的向量组，向量组线性相关等价于 $\boldsymbol{\alpha}=0$，线性无关等价于 $\boldsymbol{\alpha}\neq 0$.

下面给出向量组 $\boldsymbol{\alpha}_1, \boldsymbol{\alpha}_2, \cdots, \boldsymbol{\alpha}_m$ 线性无关的两种等价说法：

1）若对于任意一组不全为零的数 $k_1, k_2, \cdots, k_m$，都有 $k_1\boldsymbol{\alpha}_1+k_2\boldsymbol{\alpha}_2+\cdots+k_m\boldsymbol{\alpha}_m=\boldsymbol{\beta}\neq 0$，则向量组 $\boldsymbol{\alpha}_1, \boldsymbol{\alpha}_2, \cdots, \boldsymbol{\alpha}_m$ 线性无关.

2）向量组 $\boldsymbol{\alpha}_1, \boldsymbol{\alpha}_2, \cdots, \boldsymbol{\alpha}_m$ 线性无关等价于对于一组不全为零的数 $k_1, k_2, \cdots, k_m$，若 $k_1\boldsymbol{\alpha}_1+k_2\boldsymbol{\alpha}_2+\cdots+k_m\boldsymbol{\alpha}_m=0$ 成立，则一定有 $k_1=k_2=\cdots=k_m=0$.

由向量组线性无关的等价说法可知，要判别向量组 $\boldsymbol{\alpha}_1, \boldsymbol{\alpha}_2, \cdots, \boldsymbol{\alpha}_m$ 是线性相关还是线性无关，其方法是，设有 m 个数 $k_1, k_2, \cdots, k_m$，使得

$$k_1\boldsymbol{\alpha}_1+k_2\boldsymbol{\alpha}_2+\cdots+k_m\boldsymbol{\alpha}_m=0$$

若能推出 $k_1, k_2, \cdots, k_m$ 一定全为零，则向量组 $\boldsymbol{\alpha}_1, \boldsymbol{\alpha}_2, \cdots, \boldsymbol{\alpha}_m$ 线性无关. 否则向量组 $\boldsymbol{\alpha}_1, \boldsymbol{\alpha}_2, \cdots, \boldsymbol{\alpha}_m$ 线性相关.

例 3.2　设向量组 $\boldsymbol{\alpha}_1, \boldsymbol{\alpha}_2, \boldsymbol{\alpha}_3$ 线性无关，试证明向量组 $\boldsymbol{\beta}_1, \boldsymbol{\beta}_2, \boldsymbol{\beta}_3$ 线性无关，其中

$$\boldsymbol{\beta}_1=\boldsymbol{\alpha}_1+\boldsymbol{\alpha}_2,\ \boldsymbol{\beta}_2=\boldsymbol{\alpha}_2+\boldsymbol{\alpha}_3,\ \boldsymbol{\beta}_3=\boldsymbol{\alpha}_3+\boldsymbol{\alpha}_1.$$

证　设有 3 个数 k_1, k_2, k_3 使得 $k_1\boldsymbol{\beta}_1+k_2\boldsymbol{\beta}_2+k_3\boldsymbol{\beta}_3=0$，即

$$k_1(\boldsymbol{\alpha}_1+\boldsymbol{\alpha}_2)+k_2(\boldsymbol{\alpha}_2+\boldsymbol{\alpha}_3)+k_3(\boldsymbol{\alpha}_3+\boldsymbol{\alpha}_1)=0$$

整理得 $(k_1+k_2)\boldsymbol{\alpha}_1+(k_2+k_3)\boldsymbol{\alpha}_2+(k_3+k_1)\boldsymbol{\alpha}_3=0$. 而 $\boldsymbol{\alpha}_1, \boldsymbol{\alpha}_2, \boldsymbol{\alpha}_3$ 线性无关，因此必有

$$k_1+k_2=0,\ k_2+k_3=0,\ k_3+k_1=0$$

解方程组得 $k_1=k_2=k_3=0$，从而向量组 $\boldsymbol{\beta}_1, \boldsymbol{\beta}_2, \boldsymbol{\beta}_3$ 线性无关. 证毕.

定理 3.1　向量组 $\boldsymbol{\alpha}_1, \boldsymbol{\alpha}_2, \cdots, \boldsymbol{\alpha}_m (m\geqslant 2)$ 线性相关的充要条件是 $\boldsymbol{\alpha}_1, \boldsymbol{\alpha}_2, \cdots, \boldsymbol{\alpha}_m$ 中至少存在某个向量 $\boldsymbol{\alpha}_i$ 可以由向量组剩余的 $m-1$ 个向量线性表出.

由定理 3.1 可知，向量组 $\boldsymbol{\alpha}_1, \boldsymbol{\alpha}_2, \cdots, \boldsymbol{\alpha}_m (m\geqslant 2)$ 线性无关的充要条件是任何一个向量 $\boldsymbol{\alpha}_i (i=1, \cdots, m)$ 都不能由剩余的 $m-1$ 向量线性表出.

定理 3.2　如果向量组 $\boldsymbol{\alpha}_1, \boldsymbol{\alpha}_2, \cdots, \boldsymbol{\alpha}_m$ 线性无关，又 $\boldsymbol{\beta}, \boldsymbol{\alpha}_1, \boldsymbol{\alpha}_2, \cdots, \boldsymbol{\alpha}_m$ 线性相关，则 $\boldsymbol{\beta}$ 可以用 $\boldsymbol{\alpha}_1, \boldsymbol{\alpha}_2, \cdots, \boldsymbol{\alpha}_m$ 线性表出，且表示法唯一.

注（基本结论）：

1）任意一个包含零向量的向量组一定是线性相关的.

2）如果向量组的一个部分组线性相关，则整个向量组也线性相关；如果

一个向量组线性无关，则它的任意一个部分组也线性无关.

3）两个向量 $\boldsymbol{\alpha}$, $\boldsymbol{\beta}$ 线性相关当且仅当它们成比例；线性无关的向量组中一定不能包含两个成比例的向量.

4）任意 $n+1$ 个 n 维向量必定线性相关.

5）线性无关的向量组添加若干个分量所得到的延长向量组也是线性无关的；线性相关的向量组去掉若干个分量所得到的缩短向量组也是线性相关的.

6）两个线性无关的等价向量组所含向量个数相同（两个等价向量组所含向量个数未必相同）.

第三节　秩

一、向量组的极大无关组

定义 3.5　设有向量组 $\boldsymbol{A}$，向量组 $\boldsymbol{\alpha}_1$，$\boldsymbol{\alpha}_2$，…，$\boldsymbol{\alpha}_r$ 是向量组 $\boldsymbol{A}$ 的一个部分组，满足：

1）向量组 $\boldsymbol{\alpha}_1$，$\boldsymbol{\alpha}_2$，…，$\boldsymbol{\alpha}_r$ 线性无关；

2）向量组 $\boldsymbol{A}$ 中任意 $r+1$ 个向量（如果 $\boldsymbol{A}$ 中有 $r+1$ 个向量）线性相关.

则称 $\boldsymbol{\alpha}_1$，$\boldsymbol{\alpha}_2$，…，$\boldsymbol{\alpha}_r$ 是向量组 $\boldsymbol{A}$ 的一个极大线性无关组，简称极大无关组.

极大线性无关组的定义中，条件 2）可以替换为：

2′）向量组 $\boldsymbol{A}$ 中任意一个向量都可由向量组 $\boldsymbol{\alpha}_1$，$\boldsymbol{\alpha}_2$，…，$\boldsymbol{\alpha}_r$ 线性表出条件 2）和 2′）是互相等价的.

一个向量组的极大线性无关组一般不是唯一的，但每一个极大线性无关组都与原向量本身组等价. 特别地，线性无关向量组的极大无关组就是其本身.

注（基本结论）：

1）一个向量组的任意两个极大线性无关组等价.

2）一个向量组的任意两个极大线性无关组都含有相同个数的向量.

二、向量组的秩

我们知道一个向量组的极大线性无关组一般不唯一，但任意两个极大线性无关组都含有相同个数的向量，因此有如下定义.

定义 3.6　向量组 $\boldsymbol{\alpha}_1, \boldsymbol{\alpha}_2, \cdots, \boldsymbol{\alpha}_r$ 的极大无关组所含向量的个数称为这个向量组的秩，记为 $R(\boldsymbol{\alpha}_1, \boldsymbol{\alpha}_2, \cdots, \boldsymbol{\alpha}_r)$.

注：

1）向量组 $\boldsymbol{\alpha}_1, \boldsymbol{\alpha}_2, \cdots, \boldsymbol{\alpha}_s$ 的秩为零当且仅当其为零向量组（即 $\boldsymbol{\alpha}_1 = \boldsymbol{\alpha}_2 = \cdots = \boldsymbol{\alpha}_s = 0$）.

2）对于任意 n 维向量组 $\boldsymbol{\alpha}_1, \boldsymbol{\alpha}_2, \cdots, \boldsymbol{\alpha}_r$，有 $0 \leqslant R(\boldsymbol{\alpha}_1, \boldsymbol{\alpha}_2, \cdots, \boldsymbol{\alpha}_r) \leqslant \min(r, n)$，即向量组的秩不可能大于其所含向量个数及所含向量的维数.

3）若向量组 $\boldsymbol{\alpha}_1, \boldsymbol{\alpha}_2, \cdots, \boldsymbol{\alpha}_r$ 可由向量组 $\boldsymbol{\beta}_1, \boldsymbol{\beta}_2, \cdots, \boldsymbol{\beta}_s$ 线性表出，则有

$$\boldsymbol{R}(\boldsymbol{\alpha}_1, \boldsymbol{\alpha}_2, \cdots, \boldsymbol{\alpha}_r) \leqslant \boldsymbol{R}(\boldsymbol{\beta}_1, \boldsymbol{\beta}_2, \cdots, \boldsymbol{\beta}_s)$$

定理 3.3　向量组 $\boldsymbol{\alpha}_1, \boldsymbol{\alpha}_2, \cdots, \boldsymbol{\alpha}_r$ 线性无关等价于 $R(\boldsymbol{\alpha}_1, \boldsymbol{\alpha}_2, \cdots, \boldsymbol{\alpha}_r) = r$，即向量组中所含向量的个数等于向量组的秩；线性相关等价于 $R(\boldsymbol{\alpha}_1, \boldsymbol{\alpha}_2, \cdots, \boldsymbol{\alpha}_r) < r$，即向量组中所含向量的个数小于向量组的秩.

定理 3.4　等价的向量组具有相同的秩.

注：

1）等价的向量组的向量个数未必相同；两个秩相等的向量组未必等价；

2）如果一个向量组可以由另一个向量组线性表出，那么这两个向量组等价的充要条件是它们的秩相等.

三、矩阵的秩

设 A 为一个 $m \times n$ 矩阵

$$A = \begin{pmatrix} a_{11} & a_{12} & \cdots & a_{1n} \\ a_{21} & a_{22} & \cdots & a_{2n} \\ \cdots & \cdots & \cdots & \cdots \\ a_{m1} & a_{m2} & \cdots & a_{mn} \end{pmatrix}$$

若把 A 按列分块，即，令

$$\boldsymbol{\alpha}_1 = \begin{pmatrix} a_{11} \\ a_{21} \\ \vdots \\ a_{m1} \end{pmatrix}, \boldsymbol{\alpha}_2 = \begin{pmatrix} a_{12} \\ a_{22} \\ \vdots \\ a_{m2} \end{pmatrix}, \cdots, \boldsymbol{\alpha}_n = \begin{pmatrix} a_{1n} \\ a_{2n} \\ \vdots \\ a_{mn} \end{pmatrix}$$

可得一个 m 维列向量组 $\boldsymbol{\alpha}_1, \boldsymbol{\alpha}_2, \cdots, \boldsymbol{\alpha}_n$，称之为 A 的列向量组；若把 A 按行分块，即，令

$\boldsymbol{\beta}_1 = (a_{11}, a_{12}, \cdots, a_{1n})$，$\boldsymbol{\beta}_2 = (a_{21}, a_{22}, \cdots, a_{2n})$，$\cdots$，$\boldsymbol{\beta}_m = (a_{m1}, a_{m2},$

$\cdots, a_{mn})$

可得一个 n 维行向量组 $\boldsymbol{\beta}_1, \boldsymbol{\beta}_2, \cdots, \boldsymbol{\beta}_m$，称之为 A 的行向量组.

矩阵 A 行(列)向量组的秩称为矩阵 A 的行(列)秩.

定理 3.5 矩阵的行秩等于列秩.

因为矩阵 A 的行秩等于列秩，因而统称为矩阵 A 的秩，记作 $R(A)$.

注： 设 A 为一个 $m \times n$ 矩阵，则 $0 \leqslant R(A) \leqslant \min(m, n)$；零矩阵的秩为0.

定理 3.6 $n \times n$ 矩阵的行列式为零的充分必要条件是矩阵的秩小于 n. 即若 A 为 $n \times n$ 矩阵，则 $|A| = 0 \Leftrightarrow R(A) < n$.

由第二章我们知道一个 $n \times n$ 矩阵可逆的充分必要条件是矩阵的行列式为零，因此我们有，若 A 为 $n \times n$ 矩阵，则

$$A \text{ 可逆} \Leftrightarrow |A| = 0 \Leftrightarrow R(A) < n$$

定理 3.7(矩阵秩的常用性质)

1) $R(A+B) \leqslant R(A) + R(B)$

2) $R(AB) \leqslant \min\{R(A), R(B)\}$

推论 若 A 是可逆矩阵，则 $R(AB) = R(B)$

证 首先，由定理3.11，有 $R(AB) \leqslant R(B)$

其次，A 可逆，则 $B = A^{-1}AB$

又由定理3.11有，$R(A^{-1}AB) \leqslant R(AB)$，因此 $R(B) \leqslant R(AB)$

综上，$R(AB) = R(B)$

第四节 矩阵的初等变换

矩阵的初等变换是矩阵一种十分重要的运算，它在解线性方程组，求向量组的极大线性无关组，求矩阵的秩、逆矩阵以及对矩阵理论的探讨中都起着重要的作用.

一、矩阵的初等变换

与第一章给出的行列式的初等变换类似，矩阵也有如下三种类型的初等变换：

1) 交换矩阵的两行(列)，记作 $r_i \leftrightarrow r_j (c_i \leftrightarrow c_j)$；

2) 矩阵某一行(列)的所有元素乘以某个非零数，记作 $r_i \times k (c_i \times k)$；

3) 矩阵某一行(列)的所有元素都乘以某个数以加到另一行(列)的对应

元素上去，记作 $r_i+kr_j(c_i+kc_j)$.

注意　矩阵的初等变换与行列式计算有本质区别，行列式计算是求值过程，用等号连接；而对矩阵施行初等变换是变换过程，变换前后矩阵一般不相等，用"→"连接前后矩阵.

定理 3.8　矩阵的初等变换不改变矩阵的秩.

初等变换是矩阵理论中一个常用的运算，其中最常见的是利用矩阵的初等行变换把矩阵化成阶梯形矩阵，以至于化为行简化的阶梯形矩阵.

形如下面矩阵 B 的矩阵称为行阶梯型矩阵：

$$\begin{pmatrix} 1 & 1 & -2 & 1 & 4 \\ 0 & 1 & -1 & 1 & 0 \\ 0 & 0 & 0 & 1 & -3 \\ 0 & 0 & 0 & 0 & 0 \end{pmatrix}=\boldsymbol{B}$$

其特点是可画出一条阶梯线，线的下方全为零；每个台阶只有一行，台阶数即为非零行的行数；阶梯线的竖线后面是非零行的第一个非零元.

例 3.3　通过初等行变换将矩阵 A 化为行阶梯型矩阵，其中：

$$A=\begin{pmatrix} 1 & -1 & -1 & 2 \\ 1 & -2 & 1 & 1 \\ -2 & 2 & -6 & 4 \\ 7 & -9 & 6 & 3 \end{pmatrix}$$

解　（提示，先通过初等行变换将第一行第一列元素，即 $a_{11}(=1)$ 下面的元素化为零，然后将新得到的矩阵第二行第二列元素下面的元素化为零，以此类推，直至矩阵化为行阶梯型.）

$$A=\begin{pmatrix} 1 & -1 & -1 & 2 \\ 1 & -2 & 1 & 1 \\ -2 & 2 & -6 & 4 \\ 7 & -9 & 6 & 3 \end{pmatrix}\xrightarrow[r_4-7r_1]{\substack{r_2-r_1\\ r_3+2r_1}}\begin{pmatrix} 1 & -1 & -1 & 2 \\ 0 & -1 & 2 & -1 \\ 0 & 0 & -8 & 8 \\ 0 & -2 & 13 & -11 \end{pmatrix}$$

$$\xrightarrow[r_4-2r_2]{r_3\div 8}\begin{pmatrix} 1 & -1 & -1 & 2 \\ 0 & -1 & 2 & -1 \\ 0 & 0 & -1 & 1 \\ 0 & 0 & 9 & -9 \end{pmatrix}\xrightarrow{r_4+9r_3}\begin{pmatrix} 1 & -1 & -1 & 2 \\ 0 & -1 & 2 & -1 \\ 0 & 0 & -1 & 1 \\ 0 & 0 & 0 & 0 \end{pmatrix}$$

二、初等变换的应用

这里主要介绍用初等变换求向量组的极大线性无关组，求矩阵的秩和求矩阵的逆等.

1. 求向量组的秩和极大线性无关组

给定一个向量组，可以按照列构造一个矩阵 A，然后利用矩阵的初等行变换法将 A 化成行阶梯型矩阵，从而求出向量组的秩和极大无关组，其中向量组的秩即为阶梯型矩阵的台阶数(非零行的行数).

例 3.4 求出下列向量组的秩和其一个极大无关组

$$\boldsymbol{\alpha}_1=(1,1,-2,7),\boldsymbol{\alpha}_2=(-1,-2,2,-9),$$
$$\boldsymbol{\alpha}_3=(-1,1,-6,6),\boldsymbol{\alpha}_4=(2,1,4,3)$$

解 (提示：把所有的行向量都转置成列向量，构造一个 4×4 矩阵，再用初等行变换把它化成行阶梯形矩阵)

$$A=(\boldsymbol{\alpha}_1^{\mathrm{T}},\boldsymbol{\alpha}_2^{\mathrm{T}},\boldsymbol{\alpha}_3^{\mathrm{T}},\boldsymbol{\alpha}_4^{\mathrm{T}})$$

$$=\begin{pmatrix}1&-1&-1&2\\1&-2&1&1\\-2&2&-6&4\\7&-9&6&3\end{pmatrix}\xrightarrow[r_4-7r_1]{\substack{r_2-r_1\\r_3+2r_1}}\begin{pmatrix}1&-1&-1&2\\0&-1&2&-1\\0&0&-8&8\\0&-2&13&-11\end{pmatrix}$$

$$\xrightarrow[r_4-2r_2]{r_3\div8}\begin{pmatrix}1&-1&-1&2\\0&-1&2&-1\\0&0&-1&1\\0&0&9&-9\end{pmatrix}\xrightarrow{r_4+9r_3}\begin{pmatrix}1&-1&-1&2\\0&-1&2&-1\\0&0&-1&1\\0&0&0&0\end{pmatrix}=B$$

矩阵 A 经初等行变换得到含有 3 个台阶(非零行)的阶梯型阵，故向量组 $\boldsymbol{\alpha}_1$，$\boldsymbol{\alpha}_2$，$\boldsymbol{\alpha}_3$，$\boldsymbol{\alpha}_4$ 的秩为 3. 又由上面的初等变换可知，$R(\boldsymbol{\alpha}_1,\boldsymbol{\alpha}_2,\boldsymbol{\alpha}_3)=3$，从而 $\boldsymbol{\alpha}_1$，$\boldsymbol{\alpha}_2$，$\boldsymbol{\alpha}_3$ 是向量组 $\boldsymbol{\alpha}_1$，$\boldsymbol{\alpha}_2$，$\boldsymbol{\alpha}_3$，$\boldsymbol{\alpha}_4$ 的一个极大线性无关组(同理可得，$\boldsymbol{\alpha}_1$，$\boldsymbol{\alpha}_2$，$\boldsymbol{\alpha}_4$ 也是其一个极大线性无关组).

2. 求矩阵的秩

由于矩阵的秩等于列秩，即列向量组的秩，因此可通过求对应列向量组的秩来求矩阵的秩. 由前面给出的求向量组秩的方法，我们可以这样求矩阵 A 的秩：将矩阵 A 经过初等行变换化为阶梯型矩阵，所得阶梯型矩阵的秩(非零行的行数)即为矩阵 A 的秩. 例如，例 3.3 中矩阵 A 的秩即为 3.

例 3.5　求矩阵 A 的秩，其中：

$$A=\begin{pmatrix}1 & -1 & 0 & 1 & 0\\ 2 & 1 & -1 & 1 & 1\\ 3 & 0 & -1 & 2 & 1\\ 1 & 2 & -1 & 0 & 1\end{pmatrix}$$

解

$$A=\begin{pmatrix}1 & -1 & 0 & 1 & 0\\ 2 & 1 & -1 & 1 & 1\\ 3 & 0 & -1 & 2 & 1\\ 1 & 2 & -1 & 0 & 1\end{pmatrix}\xrightarrow[r_4-r_1]{\substack{r_2-2r_1\\ r_3-3r_1}}\begin{pmatrix}1 & -1 & 0 & 1 & 0\\ 0 & 3 & -1 & -1 & 1\\ 0 & 3 & -1 & -1 & 1\\ 0 & 3 & -1 & -1 & 1\end{pmatrix}$$

$$\xrightarrow{\substack{r_3-r_2\\ r_4-r_2}}\begin{pmatrix}1 & -1 & 0 & 1 & 0\\ 0 & 3 & -1 & -1 & 1\\ 0 & 0 & 0 & 0 & 0\\ 0 & 0 & 0 & 0 & 0\end{pmatrix}=B$$

因此，$R(A)=R(B)=2.$

3. 求逆矩阵、解矩阵方程

第二章里我们学习了矩阵的逆，且给出了一种求逆矩阵的方法，即由公式 $A^{-1}=A^{*}/|A|$，利用方阵 A 的伴随矩阵 A^{*} 求 A 的逆 A^{-1}. 但对于高阶矩阵来说，求伴随矩阵变得非常烦琐，这里我们给出求逆矩阵的另一种方法——初等变换法.

设 A 为任意一个 n 阶可逆矩阵，构造 $n\times 2n$ 矩阵 $B=(A,\ E)$，并通过初等行变换将矩阵 B 左边化为单位阵，则右边即为 A^{-1}，即 $(A,\ E)\to(E,\ A^{-1})$. 注意：这里的初等变换必须是初等行变换.

例 3.6　求 3 阶方阵 A 的逆矩阵，其中：

$$A=\begin{pmatrix}1 & -1 & 3\\ 2 & -1 & 4\\ -1 & 2 & -4\end{pmatrix}$$

解

$$B=(A,\ E)=\begin{pmatrix}1 & -1 & 3 & 1 & 0 & 0\\ 2 & -1 & 4 & 0 & 1 & 0\\ -1 & 2 & -4 & 0 & 0 & 1\end{pmatrix}\xrightarrow{\substack{r_2-2r_1\\ r_3+r_1}}\begin{pmatrix}1 & -1 & 3 & 1 & 0 & 0\\ 0 & 1 & -2 & -2 & 1 & 0\\ 0 & 1 & -1 & 1 & 0 & 1\end{pmatrix}$$

$$\xrightarrow{r_3-r_2}\begin{pmatrix}1&-1&3&1&0&0\\0&1&-2&-2&1&0\\0&0&1&3&-1&1\end{pmatrix}\xrightarrow[r_2+2r_3]{r_1-3r_3}\begin{pmatrix}1&-1&0&-8&3&-3\\0&1&0&4&-1&2\\0&0&1&3&-1&1\end{pmatrix}$$

$$\xrightarrow{r_1+r_2}\begin{pmatrix}1&0&0&-4&2&-1\\0&1&0&4&-1&2\\0&0&1&3&-1&1\end{pmatrix}=(E,A^{-1})$$

从而,

$$A^{-1}=\begin{pmatrix}-4&2&-1\\4&-1&2\\3&-1&1\end{pmatrix}$$

例 3.7 求解矩阵方程

$$\begin{pmatrix}1&-1&3\\2&-1&4\\-1&2&-4\end{pmatrix}X=\begin{pmatrix}1&1\\4&3\\1&2\end{pmatrix}$$

解 令 $A=\begin{pmatrix}1&-1&3\\2&-1&4\\-1&2&-4\end{pmatrix}$, $B=\begin{pmatrix}1&1\\4&3\\1&2\end{pmatrix}$, 则矩阵方程为 $AX=B$.

解法一 (先求逆矩阵)

注意到, 这里矩阵 A 即为例 3.6 中矩阵, 是可逆的, 故可在矩阵方程两边左乘 A^{-1}, 有 $A^{-1}B=A^{-1}AX=X$, 即

$$X=A^{-1}B=\begin{pmatrix}-4&2&-1\\4&-1&2\\3&-1&1\end{pmatrix}\begin{pmatrix}1&1\\4&3\\1&2\end{pmatrix}=\begin{pmatrix}3&0\\2&5\\0&2\end{pmatrix}$$

解法二 (直接用初等变换法)

[提示: 构造矩阵 $C=(A,B)$, 并通过初等行变换将矩阵 C 左边化为单位阵, 则右边成为 $A^{-1}B$, 即 $(A,B)\to(E,A^{-1}B)$. 注意: 这里的初等变换必须是初等行变换.]

$$(A,B)=\begin{pmatrix}1&-1&3&1&1\\2&-1&4&4&3\\-1&2&-4&1&2\end{pmatrix}\to\begin{pmatrix}1&0&0&3&0\\0&1&0&2&5\\0&0&1&0&2\end{pmatrix}=(E,A^{-1}B)$$

则

$$X=A^{-1}B=\begin{pmatrix}3&0\\2&5\\0&2\end{pmatrix}$$

第五节　典型例题分析

例 3.8　求向量组 $\alpha_1=(1,2,1,3)$，$\alpha_2=(4,-1,-5,-6)$，$\alpha_3=(-1,-3,-4,-7)$，$\alpha_4=(2,1,2,3)$的一个极大线性无关组，并把其余向量用极大线性无关组线性表示.

解　把所有的行向量都转置成列向量，构造一个 4×4 矩阵，再用初等行变换把它化成行阶梯形矩阵

$$(\alpha_1^T,\alpha_2^T,\alpha_3^T,\alpha_4^T)=\begin{bmatrix}1&4&-1&2\\2&-1&-3&1\\1&-5&-4&2\\3&-6&-7&3\end{bmatrix}\to\begin{bmatrix}1&4&-1&2\\0&-9&-1&-3\\0&-9&-3&0\\0&-18&-4&-3\end{bmatrix}$$

$$\to\begin{bmatrix}1&4&-1&2\\0&9&1&3\\0&0&-2&3\\0&0&-2&3\end{bmatrix}\to\begin{bmatrix}1&4&-1&2\\0&9&1&3\\0&0&-2&3\\0&0&0&0\end{bmatrix}$$

所以 α_1，α_2，α_3 是一个极大线性无关组. 由 $\alpha_4=k_1\alpha_1+k_2\alpha_2+k_3\alpha_3$ 得方程组

$$\begin{cases}k_1+4k_2-k_3=2\\9k_2+k_3=3\\2k_3=-3\end{cases}$$

解　得

$$k_1=k_3=-\frac{3}{2},\ k_2=\frac{1}{2}$$

所以

$$\alpha_4=-\frac{3}{2}\alpha_1+\frac{1}{2}\alpha_2-\frac{3}{2}\alpha_3$$

例 3.9　已知 $\alpha_1=(1,0,2,3)$，$\alpha_2=(1,1,3,5)$，$\alpha_3=(1,-1,a+2,1)$，$\alpha_4=(1,2,4,a+8)$，$\beta=(1,1,b+3,5)$. 试问：a，b 为何值时，β 不能

表成 $\alpha_1, \alpha_2, \alpha_3, \alpha_4$ 的线性组合?

解

$$(\alpha_1^T, \alpha_2^T, \alpha_3^T, \alpha_4^T, \beta^T) = \begin{pmatrix} 1 & 1 & 1 & 1 & 1 \\ 0 & 1 & -1 & 2 & 1 \\ 2 & 3 & a+2 & 4 & b+3 \\ 3 & 5 & 1 & a+8 & 5 \end{pmatrix}$$

$$\rightarrow \begin{pmatrix} 1 & 1 & 1 & 1 & 1 \\ 0 & 1 & -1 & 2 & 1 \\ 0 & 1 & a & 2 & b+1 \\ 0 & 2 & -2 & a+5 & 2 \end{pmatrix}$$

$$\rightarrow \begin{pmatrix} 1 & 1 & 1 & 1 & 1 \\ 0 & 1 & -1 & 2 & 1 \\ 0 & 0 & a+1 & 0 & b \\ 0 & 0 & 0 & a+1 & 0 \end{pmatrix}$$

由阶梯形矩阵的第 3 行可以看出, 当 $a=-1$ 且 $b\neq 0$ 时,

$$R(\alpha_1, \alpha_2, \alpha_3, \alpha_4) = 2 < R(\alpha_1, \alpha_2, \alpha_3, \alpha_4, \beta) = 3$$

方程组无解, β 不能表成 $\alpha_1, \alpha_2, \alpha_3, \alpha_4$ 的线性组合.

例 3.10　试证: 向量组 $\alpha_1, \alpha_2, \cdots \alpha_n$ 线性相关的充要条件是其中至少有一向量可由其余向量线性表示.

证明

充分性: 如果 $\alpha_1, \alpha_2, \cdots \alpha_n$ 中至少存在一个向量是其余向量的线性组合.

设 α_i 是其余向量的线性组合, 即

$\alpha_i = k_1\alpha_1 + k_2\alpha_2 + \cdots + k_{i-1}\alpha_{i-1} + k_{i+1}\alpha_{i+1} + \cdots + k_n\alpha_n$

则,

$k_1\alpha_1 + k_2\alpha_2 + \cdots + k_{i-1}\alpha_{i-1} + (-1)\alpha_i + k_{i+1}\alpha_{i+1} + \cdots + k_n\alpha_n = o$

即存在不全为零的一组实数 $k_1, k_2, \cdots, k_i = -1, \cdots, k_n$, 使得 $k_1\alpha_1 + k_2\alpha_2 + \cdots + k_n\alpha_n = 0$, 所以 $\alpha_1, \alpha_2, \cdots \alpha_n$ 线性相关.

必要性: 如果 $\alpha_1, \alpha_2, \cdots \alpha_n$ 线性相关.

则存在不全为零的一组实数 $k_1, k_2, \cdots, k_n$, 使得 $k_1\alpha_1 + k_2\alpha_2 + \cdots + k_n\alpha_n = 0$.

设 $k_i \neq 0$, 则 $\alpha_i = (k_1\alpha_1 + k_2\alpha_2 + \cdots + k_{i-1}\alpha_{i-1} + k_{i+1}\alpha_{i+1} + \cdots + k_n\alpha_n)$, 即

α_i 是其余向量的线性组合.

例 3.11　设 $\alpha_1=(2,-1,0,5)$，$\alpha_2=(-4,-2,3,0)$，$\alpha_3=(-1,0,1,k)$，$\alpha_4=(-1,0,2,1)$，且 α_1，α_2，α_3，α_4 线性相关. 试求 k

解　考察行列式

$$|\alpha_1^T,\alpha_2^T,\alpha_3^T,\alpha_4^T|=\begin{vmatrix}2&-4&-1&-1\\-1&-2&0&0\\0&3&1&2\\5&0&k&1\end{vmatrix}$$

$$=\begin{vmatrix}2&-8&-1&-1\\-1&0&0&0\\0&3&1&2\\5&-10&k&1\end{vmatrix}$$

$$=-\begin{vmatrix}-8&-1&-1\\3&1&2\\-10&k&1\end{vmatrix}$$

$$=-8-3k+20-10+16k+3=13k+5$$

α_1，α_2，α_3，α_4 线性相关等价于矩阵$(\alpha_1^T,\alpha_2^T,\alpha_3^T,\alpha_4^T)$的秩小于 4，等价于行列式$|\alpha_1^T,\alpha_2^T,\alpha_3^T,\alpha_4^T|$等于 0.

从而得 $k=-\dfrac{5}{13}$

例 3.12　求矩阵$\begin{pmatrix}1&4&1&0\\2&1&-1&-3\\1&0&-3&-1\\0&2&-6&3\end{pmatrix}$的秩.

解　初等变换

$$\begin{pmatrix}1&4&1&0\\2&1&-1&-3\\1&0&-3&-1\\0&2&-6&3\end{pmatrix}\xrightarrow{r}\begin{pmatrix}1&4&1&0\\0&-7&-3&-3\\0&-4&-4&-1\\0&2&-6&3\end{pmatrix}$$

$$\xrightarrow{r_2+4r_4}\begin{pmatrix}1&4&1&0\\0&1&-27&9\\0&-4&-4&-1\\0&2&-6&3\end{pmatrix}\xrightarrow{r}\begin{pmatrix}1&0&0&-\frac{31}{16}\\0&1&0&\frac{9}{16}\\0&0&1&-\frac{5}{16}\\0&0&0&0\end{pmatrix}$$

由所得行最简形知，所求秩为 3.

例 3.13 设 $A=\begin{pmatrix}1&-2&3k\\-1&2k&-3\\k&-2&3\end{pmatrix}$，问 k 为何值，可使

(1) $R(A)=1$；(2) $R(A)=2$；(3) $R(A)=3$.

解 $A=\begin{pmatrix}1&-2&3k\\-1&2k&-3\\k&-2&3\end{pmatrix}$

$$\sim\begin{pmatrix}1&-2&3k\\0&2k-2&3k-3\\0&2k-2&3-3k^2\end{pmatrix}\sim\begin{pmatrix}1&-2&3k\\0&2k-2&3k-3\\0&0&6-3k-3k^2\end{pmatrix}.$$

(1) 当 $k=1$ 时，$R(A)=1$；

(2) 当 $k=-2$ 时，$R(A)=2$；

(3) 当 $k\neq 1,\ -2$ 时，$R(A)=3$

例 3.14 用矩阵的初等行变换求下列矩阵 $\begin{pmatrix}1&2&3&4\\2&3&1&2\\1&1&1&-1\\1&0&-2&-6\end{pmatrix}$ 的逆阵：

解 将矩阵 $(A,\ I)$ 通过初等行变换化为 $(I,\ B)$，则 $B-A^{-1}$

$$(A,\ I)=\begin{pmatrix}1&2&3&4&1&0&0&0\\2&3&1&2&0&1&0&0\\1&1&1&-1&0&0&1&0\\1&0&-2&-6&0&0&0&1\end{pmatrix}$$

$$\xrightarrow{r}\begin{pmatrix}1&2&3&4&1&0&0&0\\0&-1&-5&-6&-2&1&0&0\\0&-1&-2&-5&-1&0&1&0\\0&-2&-5&-10&-1&0&0&1\end{pmatrix}$$

$$\xrightarrow{r}\begin{pmatrix}1&0&-7&-8&-3&2&0&0\\0&1&5&6&2&-1&0&0\\0&0&3&1&1&-1&1&0\\0&0&5&2&3&-2&0&1\end{pmatrix}$$

$$\xrightarrow{2r_3-r_4}\begin{pmatrix}1&0&-7&-8&-3&2&0&0\\0&1&5&6&2&-1&0&0\\0&0&1&0&-1&0&2&-1\\0&0&5&2&3&-2&0&1\end{pmatrix}$$

$$\xrightarrow{r}\begin{pmatrix}1&0&0&-8&-10&2&14&-7\\0&1&0&6&7&-1&-10&5\\0&0&1&0&-1&0&2&-1\\0&0&0&2&8&-2&-10&6\end{pmatrix}$$

$$\xrightarrow{r}\begin{pmatrix}1&0&0&0&22&-6&-26&17\\0&1&0&0&-17&5&20&-13\\0&0&1&0&-1&0&2&-1\\0&0&0&1&4&-1&-5&3\end{pmatrix}$$

从而

$$A^{-1}=\begin{pmatrix}22&-6&-26&17\\-17&5&20&-13\\-1&0&2&-1\\4&-1&-5&3\end{pmatrix}.$$

例 3.15　用矩阵的初等行变换求下列方程 $AX=B$ 的解，其中

$$A=\begin{pmatrix}2&2&1\\1&1&-1\\-1&0&1\end{pmatrix},\ B=\begin{pmatrix}1&4\\-1&3\\3&2\end{pmatrix}$$

解　将矩阵 $(A,\ B)$ 通过初等行变换化为 $(I,\ C)$，则 $X=A^{-1}B=C$

$$(A, B) = \begin{pmatrix} 2 & 2 & 1 & 1 & 4 \\ 1 & 1 & -1 & -1 & 3 \\ -1 & 0 & 1 & 3 & 2 \end{pmatrix} \xrightarrow{r} \begin{pmatrix} -1 & 0 & 1 & 3 & 2 \\ 1 & 1 & -1 & -1 & 3 \\ 2 & 2 & 1 & 1 & 4 \end{pmatrix}$$

$$\xrightarrow{r} \begin{pmatrix} 1 & 0 & -1 & -3 & -2 \\ 0 & 1 & 0 & 2 & 5 \\ 0 & 2 & 3 & 7 & 8 \end{pmatrix} \xrightarrow{r} \begin{pmatrix} 1 & 0 & -1 & -3 & -2 \\ 0 & 1 & 0 & 2 & 5 \\ 0 & 0 & 3 & 3 & -2 \end{pmatrix}$$

$$\xrightarrow{r} \begin{pmatrix} 1 & 0 & 0 & -2 & -\frac{8}{3} \\ 0 & 1 & 0 & 2 & 5 \\ 0 & 0 & 1 & 1 & -\frac{2}{3} \end{pmatrix}$$

从而

$$X = A^{-1}B = \begin{pmatrix} -2 & -\frac{8}{3} \\ 2 & 5 \\ 1 & -\frac{2}{3} \end{pmatrix}.$$

习题三

1. 设 $\boldsymbol{\alpha}_1=\begin{pmatrix}1\\0\\3\end{pmatrix}$, $\boldsymbol{\alpha}_2=\begin{pmatrix}-2\\2\\1\end{pmatrix}$, $\boldsymbol{\alpha}_3=\begin{pmatrix}-5\\2\\1\end{pmatrix}$,

求：(1) $5\alpha_1-2\alpha_2+\alpha_3$；

(2) 若向量 $\boldsymbol{\beta}$ 满足 $\boldsymbol{\alpha}_1-2\boldsymbol{\beta}=2\boldsymbol{\alpha}_3$，求 $\boldsymbol{\beta}$.

2. 将下列各题中 β 表成其余向量的线性组合：

(1) $\boldsymbol{\beta}=\begin{pmatrix}2\\0\\-1\\3\end{pmatrix}$, $\boldsymbol{\alpha}_1=\begin{pmatrix}1\\0\\0\\0\end{pmatrix}$, $\boldsymbol{\alpha}_2=\begin{pmatrix}0\\1\\0\\0\end{pmatrix}$, $\boldsymbol{\alpha}_3=\begin{pmatrix}0\\0\\1\\0\end{pmatrix}$, $\boldsymbol{\alpha}_4=\begin{pmatrix}0\\0\\0\\1\end{pmatrix}$;

(2) $\boldsymbol{\beta}=\begin{pmatrix}2\\3\\6\end{pmatrix}$, $\boldsymbol{\alpha}_1=\begin{pmatrix}1\\0\\1\end{pmatrix}$, $\boldsymbol{\alpha}_2=\begin{pmatrix}-1\\1\\-1\end{pmatrix}$, $\boldsymbol{\alpha}_3=\begin{pmatrix}0\\1\\1\end{pmatrix}$.

3. 设向量组 $\boldsymbol{\alpha}_1$，$\boldsymbol{\alpha}_2$，$\boldsymbol{\alpha}_3$ 线性无关，试证明向量组 $\boldsymbol{\beta}_1$，$\boldsymbol{\beta}_2$，$\boldsymbol{\beta}_3$ 线性无关，其中

$\boldsymbol{\beta}_1=\boldsymbol{\alpha}_1$，$\boldsymbol{\beta}_2=\boldsymbol{\alpha}_1+\boldsymbol{\alpha}_2$，$\boldsymbol{\beta}_3=\boldsymbol{\alpha}_1+\boldsymbol{\alpha}_2+\boldsymbol{\alpha}_3$.

4. 说明下列向量组是否线性相关，并求其一个极大线性无关组：

(1) $a_1=(2,1,1,1)^{\mathrm T}$, $a_2=(-1,1,7,10)^{\mathrm T}$,

$a_3=(3,1,-1,-2)^{\mathrm T}$, $a_4=(8,5,9,11)^{\mathrm T}$;

(2) $\alpha_1=(1,1,2,-4)^{\mathrm T}$, $\alpha_2=(2,-3,3,1)^{\mathrm T}$,

$\alpha_3=(1,1,2,0)^{\mathrm T}$, $\alpha_4=(4,-6,6,2)^{\mathrm T}$.

5. 求下列矩阵的秩：

(1) $\begin{pmatrix}1&1&2\\2&2&3\\4&3&3\end{pmatrix}$;　　(2) $A=\begin{pmatrix}1&-2&-1&0&2\\-2&4&2&6&-6\\2&-1&0&2&3\\3&3&3&3&4\end{pmatrix}$.

6. 设矩阵 $A=\begin{pmatrix}1&2&a&1\\2&-3&1&0\\4&1&a&b\end{pmatrix}$ 的秩为 2，求 a, b.

7. 用初等变换法求下列矩阵的逆矩阵：

(1) $A=\begin{pmatrix} 1 & 0 & 1 \\ 2 & 1 & 0 \\ -3 & 2 & -5 \end{pmatrix}$; (2) $A=\begin{pmatrix} 2 & 2 & 3 \\ 1 & -1 & 0 \\ -1 & 2 & 1 \end{pmatrix}$.

8. 已知 $AB=A+2B$，其中 $A=\begin{pmatrix} 0 & 3 & 3 \\ 1 & 1 & 0 \\ -1 & 2 & 3 \end{pmatrix}$，求矩阵 B.

本章归纳总结

- n 维向量
  - 行向量 $\boldsymbol{\alpha}=(a_1,a_2,\cdots,a_n)$，列向量 $\boldsymbol{\beta}=\begin{pmatrix}a_1\\a_2\\\vdots\\a_n\end{pmatrix}$
  - 向量相等：对应分量相等
  - 零向量、负向量
  - 线性运算
    - 加法
    - 数乘
- 向量组
  - 线性表出
    - $\boldsymbol{\beta}$ 可由向量组 $\boldsymbol{\alpha}_1,\boldsymbol{\alpha}_2,\cdots,\boldsymbol{\alpha}_m$ 线性表出：$\boldsymbol{\beta}=k_1\boldsymbol{\alpha}_1+k_2\boldsymbol{\alpha}_2+\cdots+k_m\boldsymbol{\alpha}_m$ 向量组 A 可由向量组 B 线性表出：A 中每个向量可以由 B 线性表出
  - 等价：两个向量组可互相线性表出
  - 线性相关、线性无关
    - 基本概念
    - 等价说法
    - 性质、基本结论
    - 应用
- 秩
  - 向量组的极大线性无关组
  - 向量组的秩
    - 定义：极大线性无关组中向量的个数
    - 性质、与线性相关性的关系
  - 矩阵的秩
    - 定义：行(列)向量组的秩
    - 性质
- 矩阵的初等变换
  - 初等变换
    - 互换两行(列)：$r_i\leftrightarrow r_j(c_i\leftrightarrow c_j)$
    - 某行(列)乘非零数 k：$r_i\times k(c_i\times k)$
    - 某行(列)加另一行(列)的 k 倍：$r_i+kr_j(c_i+kc_j)$
  - 基本性质
    - 初等变换前后两个矩阵一般不相等
    - 初等变换不改变矩阵的秩
  - 应用
    - 求向量组的极大线性无关组
    - 求矩阵的秩
    - 求逆矩阵
    - 求解矩阵方程

第四章 线性方程组

线性方程组在实际中有广泛的应用，它也是线性代数的重要组成部分. 到目前为止，我们已经学习了一些向量和矩阵的知识，本章要利用这些知识来分析线性方程组.

内容提要	线性方程组的矩阵表示，消元法求解线性方程组，线性方程组有解判定，齐次线性方程组的基础解系和通解，非齐次线性方程组解的结构与通解，线性方程组的求解
基本要求	1. 理解线性方程组的矩阵表示； 2. 掌握求解线性方程组的消元法； 3. 了解齐次线性方程组基础解系及通解的概念，理解齐次线性方程组有非零解的充分必要条件，能熟练求出齐次线性方程组的基础解系和通解； 4. 理解非齐次线性方程组解的结构及通解的概念，掌握非齐次线性方程组有解和无解的判定方法，能熟练求出非齐次线性方程组的通解
重点难点	重点：消元法解线性方程组，线性方程组解的结构，线性方程组有解判别，齐次线性方程组、非齐次线性方程组的求解. 难点：线性方程组解的结构，线性方程组有解判别，线性方程组的求解

第一节 线性方程组及其消元法

由第二章我们知道对于一个一般的线性方程组：

$$\begin{cases} a_{11}x_1 + a_{12}x_2 + \cdots + a_{1n}x_n = b_1 \\ a_{21}x_1 + a_{22}x_2 + \cdots + a_{2n}x_n = b_2 \\ \qquad\qquad \vdots \\ a_{m1}x_1 + a_{m2}x_2 + \cdots + a_{mn}x_n = b_m \end{cases} \tag{4-1}$$

其中，$x_i(i=1, 2, \cdots, n)$为未知数，a_{ij}和$b_j(i=1, 2, \cdots, m; j=1, 2, \cdots, n)$都是常数，可以将其表示成矩阵形式：

$$Ax = b \tag{4-2}$$

其中

$$A = \begin{bmatrix} a_{11} & a_{12} & \cdots & a_{1n} \\ a_{21} & a_{22} & \cdots & a_{2n} \\ \cdots & \cdots & \cdots & \cdots \\ a_{m1} & a_{m2} & \cdots & a_{mn} \end{bmatrix}, \; x = \begin{bmatrix} x_1 \\ x_2 \\ \vdots \\ x_m \end{bmatrix}, \; b = \begin{bmatrix} b_1 \\ b_2 \\ \vdots \\ b_m \end{bmatrix}$$

一般称A，x，b分别为线性方程组的系数矩阵，未知向量和常数向量. 此外

$$\bar{A} = (A, b) = \begin{bmatrix} a_{11} & a_{12} & \cdots & a_{1n} & b_1 \\ a_{21} & a_{22} & \cdots & a_{2n} & b_2 \\ \cdots & \cdots & \cdots & \cdots & \cdots \\ a_{m1} & a_{m2} & \cdots & a_{mn} & b_m \end{bmatrix}$$

称为线性方程组的增广矩阵.

式(4-2)中，若$b=0$. 则称线性方程组$Ax=0$是齐次的；若$b\neq 0$，则称线性方程组$Ax=b$为非齐次的.

所谓方程组(4-1)的解就是指由n个数k_1，k_2，…，k_m组成的有序数组(k_1，k_2，…，k_m)，当x_1，x_2，…，x_m分别用k_1，k_2，…，k_m代入后式(4-1)后，式(4-1)中每个等式都成立. 有序数组(k_1，k_2，…，k_m)也称为解向量，方程组的所有解的集合称为方程组的通解，也称为全部解或一般解. 若方程组有解，则称该方程组是相容的，否则称它是不相容的.

求解线性方程组(4-1)，常使用以下三种变换：

(1)交换两个方程的位置；

(2)用非零常数乘以方程的两端；

(3)将某方程的倍数加到另一个方程.

需要注意的是以上三种变换为同解变换，即对一个方程组施行以上变换后所得的方程组与原方程组同解. 这样可以利用以上三种同解变换化原方程

组中的每个方程为含未知量较少的同解方程组，该方程组的解与原方程组的解相同.

又因为对原线性方程组施行同解变换，相当于对线性方程组的增广矩阵施行初等矩阵变换，因此求解线性方程组的消元法的一般步骤为：

步骤1：利用矩阵的初等行变换将线性方程组的增广矩阵化为最简形矩阵，即主对角线上的元素为1，主对角线上面的元素都为零；

步骤2：写出对应的同解方程组；

步骤3：当同解方程组有解时，选取与主对角线相关的未知数作为约束未知量，则方程组的其他未知量称为自由未知量（自由未知量的个数可能为0，此时方程组有唯一解）；

步骤4：将所有的自由未知量移到等式的右边，则约束未知量用自由未知量表示，每给自由未知量一组值，就得到方程组的一个解，所以得到方程组的通解.

下面用具体的例子说明如何利用消元法求解线性方程组.

例 4.1 利用消元法求解线性方程组：

$$\begin{cases}2x_1+3x_2+8x_3=-5\\x_1-2x_2-4x_3=3\\-5x_1+3x_2+x_3=2\end{cases}$$

解 对方程组的增广矩阵作初等行变换化为阶梯形矩阵：

$$\overline{A}=[A|b]=\begin{bmatrix}2&3&8&-5\\1&-2&-4&3\\-5&3&1&2\end{bmatrix}\sim\begin{bmatrix}1&-2&-4&3\\0&7&16&-11\\0&-7&-19&17\end{bmatrix}$$

$$\sim\begin{bmatrix}1&-2&-4&3\\0&7&16&-11\\0&0&-3&6\end{bmatrix}=B$$

现在继续化矩阵 B 为最简形式：

$$B=\begin{bmatrix}1&-2&-4&3\\0&7&16&-11\\0&0&1&-2\end{bmatrix}\sim\begin{bmatrix}1&-2&0&-5\\0&7&0&21\\0&0&1&-2\end{bmatrix}$$

$$\sim\begin{bmatrix}1&-2&0&-5\\0&1&0&3\\0&0&1&-2\end{bmatrix}\sim\begin{bmatrix}1&0&0&1\\0&1&0&3\\0&0&1&-2\end{bmatrix}$$

对应的同解方程组为：

$$\begin{cases} x_1 = 1 \\ x_2 = 3 \\ x_3 = -2 \end{cases}$$

所以易得方程组的唯一解为：

$$x = \begin{bmatrix} 1 \\ 3 \\ -2 \end{bmatrix}$$

上例中的同解矩阵没有自由未知量，因此得到矩阵的唯一解. 下例有点不同.

例 4.2　利用消元法求解线性方程组：

$$\begin{cases} x_1 + x_2 - 3x_3 = 1 \\ 2x_1 + 5x_2 - 3x_3 = -4 \\ x_1 + 2x_2 - 2x_3 = -1 \\ 3x_1 + 5x_2 - 7x_3 = -1 \end{cases}$$

解　化简增广矩阵：

$$\overline{A} = [A|b] = \begin{bmatrix} 1 & 1 & -3 & 1 \\ 2 & 5 & -3 & -4 \\ 1 & 2 & -2 & -1 \\ 3 & 5 & -7 & -1 \end{bmatrix} \sim \begin{bmatrix} 1 & 1 & -3 & 1 \\ 0 & 3 & 3 & -6 \\ 0 & 1 & 1 & -2 \\ 0 & 2 & 2 & -4 \end{bmatrix}$$

$$\sim \begin{bmatrix} 1 & 1 & -3 & 1 \\ 0 & 1 & 1 & -2 \\ 0 & 0 & 0 & 0 \\ 0 & 0 & 0 & 0 \end{bmatrix} \sim \begin{bmatrix} 1 & 0 & -4 & 3 \\ 0 & 1 & 1 & -2 \\ 0 & 0 & 0 & 0 \\ 0 & 0 & 0 & 0 \end{bmatrix}$$

所以原线性方程组对应的同解方程组是：

$$\begin{cases} x_1 - 4x_3 = 3 \\ x_2 + x_3 = -2 \end{cases}$$

若 x_3 为自由未知量，由此得到方程组的通解

$$\begin{cases} x_1 = 4k + 3 \\ x_2 = -k - 2, \ k \in R \\ x_3 = k \end{cases}$$

注意 一般解的形式可以不一样，例4.2中的增广矩阵也可以化为

$$\begin{bmatrix}1 & 4 & 0 & -5\\0 & 1 & 1 & -2\\0 & 0 & 0 & 0\\0 & 0 & 0 & 0\end{bmatrix}$$

所以原线性方程组对应的同解方程组也可以是：

$$\begin{cases}x_1+4x_2=-5\\x_2+x_3=-2\end{cases}$$

若令 x_2 为自由未知量，这时方程组的解为

$$\begin{cases}x_1=4k-5\\x_2=-k\\x_3=k-2\end{cases},\ k\in R$$

例4.3 利用消元法求解线性方程组：

$$\begin{cases}x_1+x_2-2x_3=4\\x_1-2x_2+x_3=-2\\-2x_1+x_2+x_3=1\end{cases}$$

解

$$\overline{A}=[A\mid b]=\begin{bmatrix}1 & 1 & -2 & 4\\1 & -2 & 1 & -2\\-2 & 1 & 1 & 1\end{bmatrix}\underset{2r_1+r_3}{\overset{(-1)r_1+r_2}{\sim}}\begin{bmatrix}1 & 1 & -2 & 4\\0 & -3 & 3 & -6\\0 & 3 & -3 & 9\end{bmatrix}$$

$$\underset{(\frac{1}{3})r_3}{\overset{(-\frac{1}{3})r_2}{\sim}}\begin{bmatrix}1 & 1 & -2 & 4\\0 & -1 & 1 & -2\\0 & 1 & -1 & 3\end{bmatrix}\underset{(-1)r_2+r_1}{\overset{(-1)r_2+r_3}{\sim}}\begin{bmatrix}1 & 0 & -1 & 2\\0 & 1 & -1 & 2\\0 & 0 & 0 & 1\end{bmatrix}$$

上列矩阵的第三行表示的方程为 $0x_1+0x_2+0x_3=1$，肯定不存在满足此式的解，所以原方程组无解.

从上面三个例子发现，一个线性方程组可能无解，可能只有一个解，还可能有无穷多个解(此时存在自由未知量，每给一组自由未知量的值，就确定方程组的一个解)，接下来会讨论线性方程组解的情况是否只有这三种，并且在什么情况下会确定解的情况，以及解之间的关系等等.

第二节 齐次线性方程组

设齐次线性方程组为

$$\begin{cases} a_{11}x_1+a_{12}x_2+\cdots+a_{1n}x_n=0 \\ a_{21}x_1+a_{22}x_2+\cdots+a_{2n}x_n=0 \\ \qquad\vdots \\ a_{m1}x_1+a_{m2}x_2+\cdots+a_{mn}x_n=0 \end{cases} \tag{4-3}$$

则易得它的系数矩阵为

$$A=\begin{bmatrix} a_{11} & a_{12} & \cdots & a_{1n} \\ a_{21} & a_{22} & \cdots & a_{2n} \\ \cdots & \cdots & \cdots & \cdots \\ a_{m1} & a_{m2} & \cdots & a_{mn} \end{bmatrix}=[a_1 \quad a_2 \quad \cdots \quad a_n]$$

其中 $a_1=\begin{bmatrix} a_{11} \\ a_{21} \\ \vdots \\ a_{m1} \end{bmatrix}$, $a_2=\begin{bmatrix} a_{12} \\ a_{22} \\ \vdots \\ a_{m2} \end{bmatrix}$, …, $a_n=\begin{bmatrix} a_{1n} \\ a_{2n} \\ \vdots \\ a_{mn} \end{bmatrix}$, 为 A 的列向量. 从而方程组(4.3)可以表示为

$$AX=O$$

或

$$x_1a_1+x_2a_2+\cdots+x_na_n=O \tag{4-4}$$

对于式(4-4), 若 a_1, a_2, …, a_n 线性无关, 则由线性无关向量组的概念易知 x_1, x_2, …, x_n 只能为0, 从而有如下定理及推论.

定理4.1 n 元齐次线性方程组 $AX=O$ 有非零解的充要条件为秩 $R(A)<n$.

推论1 设 A 是 $m\times n$ 矩阵, 当 $m<n$ 时, 齐次线性方程组 $AX=O$ 必存在非零解.

推论2 设 A 是 n 阶方阵, 则齐次线性方程组 $AX=O$ 有非零解的充分必要条件为秩 $R(A)<n$, 即 $|A|=0$. 换而言之, $AX=O$ 只有零解的充分必要条件为秩 $R(A)=n$, 即 $|A|\neq0$.

上面讨论了齐次线性方程组解的存在性问题, 下面研究齐次线性方程组

解与解之间的关系.

定理4.2 若$x=\xi_1$, $x=\xi_2$为$AX=O$的两个解，则$x=k_1\xi_1+k_2\xi_2$，其中k_1, k_2为任意常数，也是$AX=O$的解.

证明 由题易得，$A\xi_1=O$, $A\xi_2=O$，所以

$$A(k_1\xi_1+k_2\xi_2)=k_1A\xi_1+k_2A\xi_2=k_1O+k_2O=O$$

所以$x=k_1\xi_1+k_2\xi_2$也是方程组的解.

由定理4.2易得，若ξ_1, ξ_2, $\cdots$, ξ_r为齐次线性方程组$AX=O$的一组解，则$x=k_1\xi_1+k_2\xi_2+\cdots+k_r\xi_r$也为$AX=O$的解. 又易见齐次线性方程组若有非零解，则有无穷多个解，如何表示这些解？根据向量组的极大线性无关组，有如下定义：

定义4.1 设ξ_1, ξ_2, $\cdots$, ξ_k是齐次线性方程组$AX=O$的解，若

(1)ξ_1, ξ_2, $\cdots$, ξ_k线性无关；

(2)$AX=O$的任意一个解都可由ξ_1, ξ_2, $\cdots$, ξ_k线性表出，则称ξ_1, ξ_2, $\cdots$, ξ_k是$AX=O$的一个基础解系.

定理4.3 设A是$m\times n$矩阵，若秩$R(A)=r<n$，则齐次线性方程组$AX=O$存在基础解系，且基础解系含有$n-r$个解向量.

我们省略了定理4.3的证明过程，有兴趣的读者可以参考其他书，但是定理4.3的证明过程给出了求解基础解系的方法，现将其总结如下：

步骤1：利用上节的知识，通过消元法求与$AX=O$同解的方程组，用自由未知量表示$AX=O$的通解.

步骤2：若有$n-r$个自由未知量记为x_{r+1}, x_{r+2}, $\cdots$, x_n，令$(x_{r+1}, x_{r+2}, \cdots, x_n)^{\mathrm{T}}$分别取值为

$$\begin{bmatrix}1\\0\\\vdots\\0\end{bmatrix},\begin{bmatrix}0\\1\\\vdots\\0\end{bmatrix},\cdots,\begin{bmatrix}0\\0\\\vdots\\1\end{bmatrix},$$

代入步骤1得到的通解公式就得到$n-r$个解向量ξ_1, ξ_2, $\cdots$, ξ_{n-r}，这就是方程组的一个基础解系，所以方程组的通解为

$$x=k_1\xi_1+k_2\xi_2+\cdots+k_{n-r}\xi_{n-r}(k_1, k_2, \cdots, k_{n-r}\text{为任意数})$$

注意 若$R(A)=r<n$，则$AX=O$的基础解系含有$n-r$个解向量，而此时自由未知量的个数也为$n-r$.

例 4.4　求下面方程组的一个基础解系，并写出通解

$$\begin{cases}x_1-x_2+x_3+2x_4=0\\2x_1+x_2-7x_3-5x_4=0\\x_1+x_2-5x_3-4x_4=0\end{cases}$$

解　由于常数项为 0，所以考虑方程组的增广矩阵和系数矩阵一样，因此对方程组的系数矩阵作初等行变换，将之化为阶梯形矩阵

$$A=\begin{bmatrix}1&-1&1&2\\2&1&-7&-5\\1&1&-5&-4\end{bmatrix}\sim\begin{bmatrix}1&-1&1&2\\0&3&-9&-9\\0&2&-6&-6\end{bmatrix}\sim\begin{bmatrix}1&0&-2&-1\\0&1&-3&-3\\0&0&0&0\end{bmatrix}$$

所以与原方程同解的方程组为

$$\begin{cases}x_1-x_2+x_3+2x_4=0\\x_2-3x_3-3x_4=0\end{cases}$$

将 x_3，x_4 作为自由未知量，即得到原方程组的通解为：

$$\begin{cases}x_1=x_2-x_3-2x_4\\x_2=3x_3+3x_4\end{cases}$$

分别令

$$\begin{bmatrix}x_3\\x_4\end{bmatrix}=\begin{bmatrix}1\\0\end{bmatrix},\begin{bmatrix}0\\1\end{bmatrix}$$

代入通解公式即得

$$\xi_1=\begin{bmatrix}2\\3\\1\\0\end{bmatrix},\ \xi_2=\begin{bmatrix}1\\3\\0\\1\end{bmatrix}$$

所以 ξ_1，ξ_2 就是一个基础解系，原方程组的通解为

$$x=k_1\xi_1+k_2\xi_2=k_1\begin{bmatrix}2\\3\\1\\0\end{bmatrix}+k_2\begin{bmatrix}1\\3\\0\\1\end{bmatrix}$$

其中，k_1，k_2 为任意常数.

另外　上例中也可选取 x_2，x_4 为自由变量，就得到

$$\begin{cases} x_1 = \frac{2}{3}x_2 - x_4 \\ x_3 = \frac{1}{3}x_2 - x_4 \end{cases}$$

分别令

$$\begin{bmatrix} x_2 \\ x_4 \end{bmatrix} = \begin{bmatrix} 1 \\ 0 \end{bmatrix}, \begin{bmatrix} 0 \\ 1 \end{bmatrix}$$

得基础解系

$$\xi_1^* = \begin{bmatrix} \frac{2}{3} \\ 1 \\ \frac{1}{3} \\ 0 \end{bmatrix}, \xi_2^* = \begin{bmatrix} -1 \\ 0 \\ -1 \\ 1 \end{bmatrix}$$

此时原方程组的通解为

$$x = k_1\xi_1^* + k_2\xi_2^* = k_1\begin{bmatrix} \frac{2}{3} \\ 1 \\ \frac{1}{3} \\ 0 \end{bmatrix} + k_2\begin{bmatrix} -1 \\ 0 \\ -1 \\ 1 \end{bmatrix}$$

由此可见，方程组 $AX = O$ 的基础解系不是唯一的.

定理 4.4 设 A 是 $m \times n$ 矩阵，若秩 $R(A) = r < n$ 则齐次线性方程组的任意一组 $n - r$ 个线性无关的解向量都是 $AX = O$ 的基础解系.

第三节 非齐次线性方程组

本节讨论一般的 n 元非齐次线性方程组

$$\begin{cases} a_{11}x_1 + a_{12}x_2 + \cdots + a_{1n}x_n = b_1 \\ a_{21}x_1 + a_{22}x_2 + \cdots + a_{2n}x_n = b_2 \\ \cdots\cdots\cdots\cdots\cdots\cdots \\ a_{m1}x_1 + a_{m2}x_2 + \cdots + a_{mn}x_n = b_m \end{cases} \tag{4-5}$$

其矩阵形式为 $AX = b$，其中 $A = (a_{ij})_{m \times n}$ 为方程组的系数矩阵，$X =$

$(x_1, x_2, \cdots, x_n)^T$, $b=(b_1, b_2, \cdots, b_m)^T$. 称矩阵 $\bar{A}=(A, b)$ 为方程组(4-5)的增广矩阵. 称方程组 $AX=0$ 为方程组 $AX=b$ 的导出组，或方程组 $AX=b$ 对应的齐次线性方程组.

一、有解判别

定理 4.5(有解判别定理) 非齐次线性方程组 $AX=b$[即方程组(4-5)]有解的充要条件是系数矩阵与增广矩阵的秩相等，即 $R(A, b)=R(A)$.

定理 4.6 设 $AX=b$ 为 n 元线性方程组，那么

1) $AX=b$ 无解 $\Leftrightarrow R(A, b)\neq R(A)\Leftrightarrow R(A)<R(A, b)$;

$AX=b$ 有解 $\Leftrightarrow R(A, b)=R(A)$

2) 当 $AX=b$ 有解，即 $R(A, b)=R(A)=r$ 时

i) $AX=b$ 有唯一解 $\Leftrightarrow R(A)=n$;

ii) $AX=b$ 有无穷多解 $\Leftrightarrow R(A)<n$.

例 4.5 求解下面的非齐次线性方程组

$$\begin{cases}x_1-2x_2+2x_3-x_4=1\\2x_1-4x_2+8x_3=2\\-2x_1+4x_2-2x_3+3x_4=3\\3x_1-6x_2-6x_4=4\end{cases}$$

解 方程组的增广矩阵为

$$\bar{A}=(A, b)=\begin{pmatrix}1&-2&2&-1&1\\2&-4&8&0&2\\-2&4&-2&3&3\\3&-6&0&-6&4\end{pmatrix}\rightarrow\begin{pmatrix}1&-2&2&-1&1\\0&0&2&1&0\\0&0&0&0&1\\0&0&0&0&0\end{pmatrix}$$

$R(A, b)=3$, $R(A)=2$, $R(A, b)\neq R(A)$, 从而方程组无解.

将上面的定理应用到齐次线性方程组，有如下推论：

推论 1 n 元齐次线性方程组 $AX=0$ 有非零解的充要条件是 $r(A)=r<n$

推论 2 设 A 为 n 阶方阵，则 n 元齐次线性方程组 $AX=0$ 有非零解 $\Leftrightarrow |A|=0$.

推论 3 设 A 为 $m\times n$ 矩阵，且 $m<n$，则 n 元齐次线性方程组 $AX=0$ 必有非零解.

二、解的结构

设 $AX=b$ 为一个 n 元非齐次线性方程组，$AX=0$ 为它的导出组，则它们的解之间有以下性质：

性质 1 如果 η_1，η_2 都是方程组 $AX=b$ 的解，则 $\xi=\eta_1-\eta_2$ 是其导出组 $AX=0$ 的解.

性质 2 如果 η 是 $AX=b$ 的解，ξ 是 $AX=0$ 的解，则 $\xi+\eta$ 是 $AX=b$ 的解.

由这两个性质，可以得到非齐次线性方程组 $AX=b$ 的解的结构定理：

定理 4.7(解的结构定理) 设 A 是 $m\times n$ 矩阵，且 $R(A, b)=R(A)=r$，则非齐次线性方程组 $AX=b$ 的通解为

$$X=\eta^*+k_1\xi_1+k_2\xi_2+\cdots+k_{n-r}\xi_{n-r}$$

其中 η^* 为 $AX=b$ 的任一个解(称为特解)，ξ_1，ξ_2，…，ξ_{n-r}为导出组 $AX=0$ 的一个基础解系.

三、求通解的方法

对于非齐次线性方程组 $AX=b$，若其有解，即 $R(A, b)=R(A)=r$ 时，由解的结构定理，求其通解的方法是：首先求出非齐次线性方程组 $AX=b$ 的一个特解 η^*，然后求出导出组 $AX=0$ 的一个基础解系 ξ_1，ξ_2，…，ξ_{n-r}，最后非齐次线性方程组 $AX=b$ 的通解即为 $X=\eta^*+k_1\xi_1+k_2\xi_2+\cdots+k_{n-r}\xi_{n-r}$.

例 4.6 当参数 a，c 为何值时，线性方程组 $\begin{cases}x_1+x_2+x_3+x_4=0\\ x_2+2x_3+2x_4=1\\ -x_2+(a-3)x_3-2x_4=c\\ 3x_1+2x_2+x_3+ax_4=-1\end{cases}$ 无解？有唯一解？有无穷多解？并在有无穷多解时，求出通解.

解 对方程组的增广矩阵施行初等行变换，将它化为阶梯形矩阵：

$$(A, b)=\begin{pmatrix}1&1&1&1&0\\0&1&2&2&1\\0&-1&a-3&-2&b\\3&2&1&a&-1\end{pmatrix}\to\begin{pmatrix}1&1&1&1&0\\0&1&2&2&1\\0&0&a-1&0&b+1\\0&-1&-2&a&-3\end{pmatrix}$$

$$\to\begin{pmatrix}1 & 0 & -1 & -1 & -1\\ 0 & 1 & 2 & 2 & 1\\ 0 & 0 & a-1 & 0 & b+1\\ 0 & 0 & 0 & a-1 & 0\end{pmatrix}$$

当 $a=1$，$b\neq 1$ 时，$r(A,\ b)=3$，$r(A)=2$，无解；

当 $a\neq 1$ 时，$r(A,\ b)=r(A)=4$，有唯一解；

当 $a=1$，$b=-1$ 时，$r(A,\ b)=r(A)=2$，有无穷多解. 此时，方程组的一般解为

$$\begin{cases}x_1=-1+x_3+x_4\\ x_2=1-2x_3-2x_4\\ x_3=x_3\\ x_4=x_4\end{cases}$$

令 $x_3=k_1$，$x_4=k_2$ 为任意常数，故一般解为向量形式，得方程组通解为

$$X=\begin{pmatrix}-1\\ 1\\ 0\\ 0\end{pmatrix}+k_1\begin{pmatrix}1\\ -2\\ 1\\ 0\end{pmatrix}+k_2\begin{pmatrix}1\\ -2\\ 0\\ 1\end{pmatrix}$$

第四节　典型例题分析

例 4.7　用消元法解下列线性方程组

(1) $\begin{cases}x_1+7x_2-8x_3+9x_4=0,\\ 2x_1-3x_2+3x_3-2x_4=0,\\ 4x_1+11x_2-13x_3+16x_4=0;\end{cases}$　(2) $\begin{cases}2x_1-x_2+3x_3=3,\\ 3x_1+x_2-5x_3=0,\\ 4x_1-x_2+x_3=3,\\ x_1+3x_2-13x_3=-6;\end{cases}$

解

(1) 对方程组的系数矩阵 A 施行初等行变换：

$$A=\begin{pmatrix}1 & 7 & -8 & 9\\ 2 & -3 & 3 & -2\\ 4 & 11 & -13 & 16\end{pmatrix}\xrightarrow{r}\begin{pmatrix}1 & 7 & -8 & 9\\ 0 & -17 & 19 & -20\\ 0 & -17 & 19 & -20\end{pmatrix}$$

$$\xrightarrow{r}\begin{pmatrix}1 & 0 & -\frac{3}{17} & \frac{13}{17} \\ 0 & 1 & -\frac{19}{17} & \frac{20}{17} \\ 0 & 0 & 0 & 0\end{pmatrix}$$

于是得同解方程组

$$\begin{cases}x_1-\frac{3}{17}x_3+\frac{13}{17}x_4=0, \\ x_2-\frac{19}{17}x_3+\frac{20}{17}x_4=0.\end{cases}$$

令自由未知元 $x_3=k_1$， $x_4=k_2$，得原方程组的通解为

$$\begin{pmatrix}x_1 \\ x_2 \\ x_3 \\ x_4\end{pmatrix}=k_1\begin{pmatrix}\frac{3}{17} \\ \frac{19}{17} \\ 1 \\ 0\end{pmatrix}+k_2\begin{pmatrix}-\frac{13}{17} \\ -\frac{20}{17} \\ 0 \\ 1\end{pmatrix},\ (k_1,\ \ k_2 \text{ 为任意数}).$$

(2)解：对方程组的增广矩阵(A, b)施行初等行变换：

$$(A, b)=\begin{pmatrix}2 & -1 & 3 & 3 \\ 3 & 1 & -5 & 0 \\ 4 & -1 & 1 & 3 \\ 1 & 3 & -13 & -6\end{pmatrix}\xrightarrow[r_1-r_4]{\substack{r_3-r_2 \\ r_2-r_1}}\begin{pmatrix}1 & -4 & 16 & 9 \\ 1 & 2 & -8 & -3 \\ 1 & -2 & 6 & 3 \\ 1 & 3 & -13 & -6\end{pmatrix}$$

$$\xrightarrow{r}\begin{pmatrix}1 & -4 & 16 & 9 \\ 0 & 6 & -24 & -12 \\ 0 & 2 & -10 & -6 \\ 0 & 7 & -29 & -15\end{pmatrix}\xrightarrow{r}\begin{pmatrix}1 & 0 & 0 & 1 \\ 0 & 1 & -4 & -2 \\ 0 & 0 & -2 & -2 \\ 0 & 0 & -1 & -1\end{pmatrix}$$

$$\xrightarrow{r}\begin{pmatrix}1 & 0 & 0 & 1 \\ 0 & 1 & 0 & 2 \\ 0 & 0 & 1 & 1 \\ 0 & 0 & 0 & 0\end{pmatrix}$$

从而得原方程组的解为

$x_1=1$，$x_2=2$，$x_3=1$.

例 4.8　确定 a, b 的值使线性方程组 $\begin{cases} 2x_1 - x_2 + x_3 + x_4 = 1, \\ x_1 + 2x_2 - x_3 + 4x_4 = 2, \\ x_1 + 7x_2 - 4x_3 + 11x_4 = a; \end{cases}$ 有解，并求其解

解　对方程组的增广矩阵施行初等行变换：

$$(A, b) = \begin{pmatrix} 2 & -1 & 1 & 1 & 1 \\ 1 & 2 & -1 & 4 & 2 \\ 1 & 7 & -4 & 11 & a \end{pmatrix} \xrightarrow{r} \begin{pmatrix} 1 & 2 & -1 & 4 & 2 \\ 2 & -1 & 1 & 1 & 1 \\ 1 & 7 & -4 & 11 & a \end{pmatrix}$$

$$\xrightarrow{r} \begin{pmatrix} 1 & 2 & -1 & 4 & 2 \\ 0 & -5 & 3 & -7 & -3 \\ 0 & 5 & -3 & 7 & a-2 \end{pmatrix}$$

$$\xrightarrow{r} \begin{pmatrix} 1 & 2 & -1 & 4 & 2 \\ 0 & -5 & 3 & -7 & -3 \\ 0 & 0 & 0 & 0 & a-5 \end{pmatrix}$$

当 $a=5$ 时，方程组有解. 此时，同解方程组为

$$\begin{cases} x_1 + 2x_2 - x_3 + 4x_4 = 2 \\ -5x_2 + 3x_3 - 7x_4 = -3 \end{cases}.$$

令 $x_3 = k_1$, $x_4 = k_2$，求得通解为

$$\begin{pmatrix} x_1 \\ x_2 \\ x_3 \\ x_4 \end{pmatrix} = k_1 \begin{pmatrix} -\frac{1}{5} \\ \frac{3}{5} \\ 1 \\ 0 \end{pmatrix} + k_2 \begin{pmatrix} -\frac{6}{5} \\ -\frac{7}{5} \\ 0 \\ 1 \end{pmatrix} + \begin{pmatrix} \frac{4}{5} \\ \frac{3}{5} \\ 0 \\ 0 \end{pmatrix}, \ (k_1, k_2 \text{为任意数}).$$

例 4.9　问 a 取什么值时，齐次线性方程组 $\begin{cases} ax_1 + x_2 - x_3 = 0, \\ x_1 + ax_2 - x_3 = 0, \\ 2x_1 - x_2 + x_3 = 0 \end{cases}$ 有非零解?

解　齐次线性方程组的系数行列式

$$|A| = \begin{vmatrix} a & 1 & -1 \\ 1 & a & -1 \\ 2 & -1 & 1 \end{vmatrix} = \begin{vmatrix} a & 1 & 0 \\ 1 & a & a-1 \\ 2 & -1 & 0 \end{vmatrix} = (a-1)(a+2),$$

当 $a=1$ 或 $a=-2$ 时，$|A|=0$，方程组有非零解.

例 4.10 问 a 取什么值时，线性方程组$\begin{cases} x_1+x_2+ax_3=4, \\ -x_1+ax_2+x_3=a^2, \\ x_1-x_2+2x_3=-4 \end{cases}$有唯一解；无解；有无穷多个解？

解

对方程组的增广矩阵施行初等行变换：

$$(A,b)=\begin{pmatrix} 1 & 1 & a & 4 \\ -1 & a & 1 & a^2 \\ 1 & -1 & 2 & -4 \end{pmatrix} \xrightarrow{r} \begin{pmatrix} 1 & 1 & a & 4 \\ 0 & a+1 & a+1 & a^2+4 \\ 0 & -2 & 2-a & -8 \end{pmatrix}$$

$$\xrightarrow{r} \begin{pmatrix} 1 & 1 & a & 4 \\ 0 & -2 & 2-a & -8 \\ 0 & a+1 & a+1 & a^2+4 \end{pmatrix}$$

$$\xrightarrow{r} \begin{pmatrix} 1 & 1 & a & 4 \\ 0 & -2 & 2-a & -8 \\ 0 & 0 & (a+1)(4-a) & 2a(a-4) \end{pmatrix}$$

(1) 当 $a\neq -1, 4$ 时，$R(A,b)=R(A)=3=n$，方程组有唯一解；

(2) 当 $a=-1$ 时，$R(A,b)=3>R(A)=2$，方程组无解；

(3) 当 $a=4$ 时，$R(A,b)=R(A)=2<n$，方程组有无穷多组解.

例 4.11 求齐次线性方程组$\begin{cases} x_1+2x_2+x_3-x_4=0, \\ 3x_1+6x_2-x_3-3x_4=0, \\ 5x_1+10x_2+x_3-5x_4=0; \end{cases}$的一个基础解系

解 对方程组的系数矩阵施行初等行变换：

$$A=\begin{pmatrix} 1 & 2 & 1 & -1 \\ 3 & 6 & -1 & -3 \\ 5 & 10 & 1 & -5 \end{pmatrix} \xrightarrow{r} \begin{pmatrix} 1 & 2 & 1 & -1 \\ 0 & 0 & -4 & 0 \\ 0 & 0 & -4 & 0 \end{pmatrix}$$

$$\xrightarrow{r} \begin{pmatrix} 1 & 2 & 0 & -1 \\ 0 & 0 & 1 & 0 \\ 0 & 0 & 0 & 0 \end{pmatrix}$$

原方程组的同解方程组为

$$\begin{cases} x_1+2x_2-x_4=0 \\ x_3=0 \end{cases}.$$

分别令 $x_2=1$，$x_4=0$ 和 $x_2=0$，$x_4=1$，求得基础解系为

$$\xi_1=\begin{pmatrix}-2\\1\\0\\0\end{pmatrix},\quad \xi_2=\begin{pmatrix}1\\0\\0\\1\end{pmatrix}.$$

例 4.12　求线性方程组$\begin{cases} 2x_1+x_2-x_3+x_4=1, \\ 4x_1+2x_2-2x_3+x_4=2, \\ 2x_1+x_2-x_3-x_4=1; \end{cases}$的通解：

解　对方程组的增广矩阵施行初等行变换：

$$(A,\ b)=\begin{pmatrix}2&1&-1&1&1\\4&2&-2&1&2\\2&1&-1&-1&1\end{pmatrix}\xrightarrow{r}\begin{pmatrix}2&1&-1&1&1\\0&0&0&-1&0\\0&0&0&-2&0\end{pmatrix}$$

$$\xrightarrow{r}\begin{pmatrix}2&1&-1&0&1\\0&0&0&1&0\\0&0&0&0&0\end{pmatrix}$$

原方程组的同解方程组为

$$\begin{cases} 2x_1+x_2-x_3=1 \\ x_4=0 \end{cases}.$$

令 $x_2=k_1$，$x_3=k_2$，求得通解为

$$\begin{pmatrix}x_1\\x_2\\x_3\\x_4\end{pmatrix}=k_1\begin{pmatrix}-\frac{1}{2}\\1\\0\\0\end{pmatrix}+k_2\begin{pmatrix}\frac{1}{2}\\0\\1\\0\end{pmatrix}+\begin{pmatrix}\frac{1}{2}\\0\\0\\0\end{pmatrix},\ (k_1,\ k_2 \text{ 为任意数}).$$

例 4.13　a 为何值时，方程组$\begin{cases} x_1+5x_2-x_3-x_4=-1 \\ x_1+7x_2+x_3+3x_4=3 \\ 3x_1+17x_2-x_3+x_4=a \\ x_1+3x_2-3x_3-5x_4=-5 \end{cases}$无解？有解？有

解时求出其通解.

解

（n 个变元的方程组 $Ax=b$ 的解的情况是由其系数矩阵与增广矩阵关系决定的，即：方程组有解的充要条件是 $R(A)=R(A,b)$. 此题可以对线性方程组的增广矩阵进行初等变换化为阶梯形，根据上述条件确定参数 a，然后对有解的情况求解.）

方程组的增广矩阵

$$(A,b)=\begin{pmatrix}1&5&-1&-1&-1\\1&7&1&3&3\\3&17&-1&1&a\\1&3&-3&-5&-5\end{pmatrix}\to\begin{pmatrix}1&5&-1&-1&-1\\0&2&2&4&4\\0&2&2&4&a+3\\0&-2&-2&-4&-4\end{pmatrix}$$

$$\to\begin{pmatrix}1&5&-1&-1&-1\\0&1&1&2&2\\0&0&0&0&a-1\\0&0&0&0&0\end{pmatrix}\to\begin{pmatrix}1&0&-6&-11&-11\\0&1&1&2&2\\0&0&0&0&a-1\\0&0&0&0&0\end{pmatrix}$$

当 $a\neq1$ 时，$R(A)<R(A,b)$，方程组无解.

当 $a=1$ 时，$R(A)=R(A,b)=2<4$，方程组有无穷多组解.

$u=\begin{pmatrix}-11\\2\\0\\0\end{pmatrix}$是方程组的一个特解；

$v_1=\begin{pmatrix}6\\-1\\1\\0\end{pmatrix}$，$v_2=\begin{pmatrix}11\\-2\\0\\1\end{pmatrix}$是导出组的一个基础解系.

原方程组的通解为：$u+c_1v_1+c_2v_2$，c_1，c_2 为任意数.

习题四

1. 求下列齐次线性方程组的基础解系：

1) $\begin{cases} 2x_1+x_2-2x_3+3x_4=0 \\ 3x_1+2x_2-x_3+2x_4=0 \\ x_1+x_2+x_3-x_4=0 \end{cases}$

2) $\begin{cases} x_1+2x_2+x_3-2x_4=0 \\ 2x_1+3x_2-x_4=0 \\ x_1-x_2-5x_3+7x_4=0 \end{cases}$

2. 求下列非齐次线性方程组的通解(用基础解系表示出其通解)

1) $\begin{cases} 2x_1-3x_2+5x_3+7x_4=1 \\ 4x_1-6x_2+2x_3+3x_4=2 \\ 2x_1-3x_2-11x_3-15x_4=1 \end{cases}$

2) $\begin{cases} 2x_1+7x_2+3x_3+x_4=6 \\ 3x_1+5x_2+2x_3+2x_4=4 \\ 9x_1+4x_2+x_3+7x_4=2 \end{cases}$

3. 当 a、b 为何值时，线性方程组 $\begin{cases} 2x_1+x_2-x_3+x_4=1 \\ x_1-x_2+x_3+x_4=2 \\ 7x_1+2x_2-2x_3+4x_4=a \\ 7x_1-x_2+x_3+5x_4=b \end{cases}$ 有解？在有解的情况下，求其全部解(用其导出组的基础解系线性表示).

本章归纳总结

- 线性方程组
  - 矩阵表示 $Ax=b$
    - 系数矩阵 A，增广矩阵 $\bar{A}=(A,\ b)$
    - 齐次：$b=0$；非齐次：$b\neq 0$
    - 解向量，通解
  - 消元法求解：对增广矩阵作初等行变换化为阶梯形矩阵
- 齐次线性方程组 $AX=0$
  - 解的结构：ξ_1，ξ_2 是 $AX=0$ 的解，则 $k_1\xi_1+k_2\xi_2$ 也是其解
  - 基础解系 ξ_1，…，ξ_l
    - ξ_1，…，ξ_l 线性无关
    - $AX=0$ 的解可由 ξ_1，…，ξ_l 线性表出
    - $l=n-R(A)$
  - $R(A)=n$，只有零解
  - $R(A)<n$，无穷多解，通解可由基础解系表示 $X=k_1\xi_1+k_2\xi_2+\cdots+k_{n-r}\xi_{n-r}$
- 非齐次线性方程组 $AX=b$
  - 解的结构 η_1，η_2，η 是 $AX=b$ 的解，ξ 是 $AX=0$ 的解，则：$\eta_1-\eta_2$ 是 $AX=0$ 的解，$\xi+\eta$ 是 $AX=b$ 的解
  - $R(A)<R(\bar{A})\leqslant n$，无解
  - $R(A)=R(\bar{A})=n$，唯一解
  - $R(A)=R(\bar{A})<n$，无穷多解，通解 $X=\eta^*+k_1\xi_1+\cdots+k_{n-r}\xi_{n-r}$
  - 求解步骤
    - 求 $AX=b$ 的一个特解 η^*
    - 求 $AX=0$ 基础解系 ξ_1，…，ξ_{n-r}
- 基本方法：用初等行变换将增广矩阵化为阶梯型矩阵

第五章 特征值与二次型

矩阵的特征值和特征向量是矩阵和向量理论在深层次上的发展，二次型理论则起源于二次曲线和二次曲面的研究，它们在自然科学和工程技术等诸多领域有着广泛的应用. 本章首先介绍向量内积及正交向量组的概念，然后讨论矩阵特征值和特征向量问题及如何利用它们对角化对角矩阵，最后介绍化二次型为标准形的问题，以及正定、半正定二次型的有关概念.

内容提要	向量的内积，矩阵的特征值与特征向量，相似矩阵，标准二次型，正定二次型
基本要求	1. 了解向量内积、正交向量组的概念，掌握将线性无关向量组化为正交单位向量组的施密特方法，了解正交矩阵的概念以及其性质. 2. 理解方阵特征值、特征向量的概念，掌握方阵特征值的性质，掌握计算矩阵特征值和特征向量的方法. 3. 了解相似矩阵的概念、性质及矩阵相似对角化的充分必要条件，掌握将矩阵化为相似对角矩阵的方法. 4. 了解二次型和二次型的秩的概念，了解二次型的标准形、规范形的概念及惯性定理. 5. 掌握用正交变换将二次型化为标准形的方法，会用配方法化二次型为标准形. 知道正定二次型和对应矩阵的正定性及其判别法
重点难点	重点：方阵的特征值与特征向量的概念，特征值与特征向量的计算，矩阵相似对角化的充分必要条件，用正交变换将二次型化为标准形. 难点：施密特正交化过程，特征值、特征向量的概念及其计算，用正交变换将二次型化为标准形的方法

第一节 向量的内积

对于三维向量

$$x=\begin{bmatrix}x_1\\x_2\\x_3\end{bmatrix},\ y=\begin{bmatrix}y_1\\y_2\\y_3\end{bmatrix}$$

在解析几何中曾给出它们的内积的定义为：

$$x\cdot y=x_1y_1+x_2y_2+x_3y_3$$

将此概念推广即得

定义 5.1 设有 n 维向量

$$x=\begin{bmatrix}x_1\\x_2\\\vdots\\x_n\end{bmatrix},\ y=\begin{bmatrix}y_1\\y_2\\\vdots\\y_n\end{bmatrix},$$

则

$$x_1y_1+x_2y_2+\cdots x_ny_n=\sum_{i=1}^{n}x_iy_i=x^{\mathrm{T}}y=[x_1\quad x_2\quad\cdots\quad x_n]\begin{bmatrix}y_1\\y_2\\\vdots\\y_n\end{bmatrix}$$

称为向量 x 与 y 的内积，记为 $[x,\ y]$.

容易验证，内积满足下列性质：

(1)对称性：$[x,\ y]=[y,\ x]$；

(2)非负性：$[x,\ x]\geqslant 0$，当且仅当 $x=0$ 时，等号成立；

(3)线性性：$[\lambda x,\ y]=\lambda[x,\ y]$，$[x+y,\ z]=[x,\ z]+[y,\ z]$

其中 x, y, z 为 n 维向量，λ 为实数

定义 5.2 设 n 维向量 $x=[x_1\quad x_2\quad\cdots\quad x_n]^{\mathrm{T}}$，则称 $|x|=\sqrt{[x,\ x]}=\sqrt{x_1^2+x_2^2+\cdots+x_n^2}$ 为 x 的长度，也称为范数或者模.

容易验证向量的长度满足下列性质：

(1)非负性：当 $x\neq 0$ 时，$|x|>0$；当 $x=0$ 时，$|x|=0$；

(2)齐次性：$|\lambda x|=|\lambda|\cdot|x|$；

(3)三角不等式性：$|x+y|\leqslant|x|+|y|$；

其中 x，y 为 n 维向量，λ 为实数.

当$|x|=1$时，称 x 为单位向量. 此外，对任意一个非零向量 x 都可以单位化：$x_0=\frac{1}{|x|}x$，这里 x_0 必为单位向量，且将这个过程叫作把向量 x 单位化.

此外内积还满足施瓦茨不等式：

设 x，y 为 n 维向量，则

$$[x, y]^2\leqslant[x, x]\cdot[y, y]，即[x, y]\leqslant|x|\cdot|y|$$

由施瓦茨不等式得当 x，y 为 n 维非零向量时，

$$\left|\frac{[x, y]}{|x|\cdot|y|}\right|\leqslant 1$$

所以可以得到下面的定义：

定义 5.3　设 x，y 为 n 维非零向量，则称

$$\theta=\arccos\frac{[x, y]}{|x|\cdot|y|}$$

为 x，y 的夹角.

例 5.1　设 $x=[1\quad 1\quad 2]^{\mathrm{T}}$，$y=[1\quad 0\quad 1]^{\mathrm{T}}$ 则

(1)$[x+y, y]=[x, y]+[y, y]=3+2=5$；

(2)$|x-2y|=\sqrt{2}$；

(3)由于$[x, y]=3$，$|x|=\sqrt{6}$，$|y|=\sqrt{2}$，由 $9<12$ 所以施瓦茨不等式成立；

(4)x 与 y 的夹角 $\theta=\arccos\frac{[x, y]}{|x|\cdot|y|}=\arccos\frac{3}{\sqrt{6}\sqrt{2}}=\arccos\sqrt{\frac{3}{4}}$；

定义 5.4　设有 n 维向量 x，y，当$[x, y]=0$时，称向量 x 与 y 是正交的，记为 $x\perp y$.

显然 $x=0$ 与任何向量都正交. 如果一组非零向量中任意两个都正交(两两正交)，则称其为正交向量组. 下面讨论正交向量组的性质.

定理 5.1　r 个 n 维非零向量 α_1，α_2，…，α_r 两两正交，则一定是线性无关.

证明　设有 n 个实数 λ_1，λ_2，…，λ_r，使

$$\lambda_1\alpha_1+\lambda_2\alpha_2+\cdots+\lambda_r\alpha_r=0,$$

等式两边分别与 α_1 做内积，利用内积的性质得

$$\lambda_1[\alpha_1, \alpha_1] + \lambda_2[\alpha_2, \alpha_1] + \cdots + \lambda_r[\alpha_r, \alpha_1] = 0$$

再由正交性得 $\lambda_1[\alpha_1, \alpha_1]=0$，由于 $\alpha_1 \neq 0$ 由于内积的第一条性质即得 $\lambda_1 = 0$，同理可证 $\lambda_2=\lambda_3=\cdots=\lambda_r=0$，所以正交向量组线性无关.

例 5.2 已知 $\alpha_1=\begin{bmatrix}1\\1\\2\end{bmatrix}$，$\alpha_2=\begin{bmatrix}0\\-2\\1\end{bmatrix}$是正交的，试求 α_3，使 α_1，α_2，α_3 两两正交.

解 设 $\alpha_3=[x_1 \quad x_2 \quad x_3]^{\mathrm{T}}$，记 $A=\begin{bmatrix}\alpha_1^{\mathrm{T}}\\\alpha_2^{\mathrm{T}}\end{bmatrix}=\begin{bmatrix}1 & 1 & 2\\0 & -2 & 1\end{bmatrix}$，则 α_3 应满足

$$A\alpha_3=\begin{bmatrix}1 & 1 & 2\\0 & -2 & 1\end{bmatrix}\begin{bmatrix}x_1\\x_2\\x_3\end{bmatrix}=\begin{bmatrix}0\\0\end{bmatrix},$$

解该方程组即得

$$\begin{cases}x_1=-5x_2\\x_3=2x_2\end{cases},$$

取 $\alpha_3=\begin{bmatrix}-5\\1\\2\end{bmatrix}$即满足题意.

正交向量组有很多很有用的性质，因此对于一般的线性无关的向量组，我们也让它与正交向量组联系起来. 下面介绍将一组线性无关的向量组变为与之等价的正交单位向量组的方法，称为施密特正交化法.

设 r 个向量 α_1，α_2，…，α_r 线性无关，则向量

$\beta_1=\alpha_1$；

$\beta_2=\alpha_2-\dfrac{[\beta_1, \alpha_2]}{[\beta_1, \beta_1]}\beta_1$；

…

$\beta_r=\alpha_r-\dfrac{[\beta_1, \alpha_r]}{[\beta_1, \beta_1]}\beta_1-\dfrac{[\beta_2, \alpha_r]}{[\beta_2, \beta_2]}\beta_2-\cdots-\dfrac{[\beta_{r-1}, \alpha_r]}{[\beta_{r-1}, \beta_{r-1}]}\beta_{r-1}$；

易验证 β_1，β_2，…，β_r 两两正交，且与 α_1，α_2，…，α_r 等价.

再把 β_1，β_2，…，β_r 单位化，即令

$$e_1=\frac{\beta_1}{|\beta_1|},\ e_2=\frac{\beta_2}{|\beta_2|},\ \cdots,\ e_r=\frac{\beta_r}{|\beta_r|}$$

就得到要求的正交单位向量组.

例 5.3　求与向量组 $\alpha_1=\begin{bmatrix}1\\1\\1\end{bmatrix}$, $\alpha_2=\begin{bmatrix}-1\\1\\0\end{bmatrix}$, $\alpha_3=\begin{bmatrix}-1\\1\\0\end{bmatrix}$等价的一个正交单位向量组.

解　利用施密特正交化方法求出一个与 α_1, α_2, α_3 等价的正交向量组，令

$$\beta_1=\alpha_1=\begin{bmatrix}1\\1\\1\end{bmatrix};$$

$$\beta_2=\alpha_2-\frac{[\beta_1,\alpha_2]}{[\beta_1,\beta_1]}\beta_1=\begin{bmatrix}-1\\1\\0\end{bmatrix}-\frac{0}{3}\begin{bmatrix}-1\\1\\0\end{bmatrix}=\begin{bmatrix}-1\\1\\0\end{bmatrix};$$

$$\beta_3=\alpha_3-\frac{[\beta_1,\alpha_3]}{[\beta_1,\beta_1]}\beta_1-\frac{[\beta_2,\alpha_3]}{[\beta_2,\beta_2]}\beta_2=\begin{bmatrix}-\frac{1}{2}\\-\frac{1}{2}\\1\end{bmatrix};$$

再单位化，得一个正交单位向量组：

$$e_1=\begin{bmatrix}\frac{1}{\sqrt{3}}\\\frac{1}{\sqrt{3}}\\\frac{1}{\sqrt{3}}\end{bmatrix},\ e_2=\begin{bmatrix}-\frac{1}{\sqrt{2}}\\\frac{1}{\sqrt{2}}\\0\end{bmatrix},\ e_3=\begin{bmatrix}-\frac{\sqrt{6}}{6}\\-\frac{\sqrt{6}}{6}\\\frac{\sqrt{6}}{3}\end{bmatrix}$$

定义 5.5　若 n 阶方阵 A 满足

$$A^{\mathrm{T}}A=AA^{\mathrm{T}}=E$$

则称 A 为正交矩阵.

正交矩阵满足如下性质：

(1) $|A|=\pm1$;

(2) $A^{-1}=A^{\mathrm{T}}$，且 A^{-1}, A^{T} 也为正交矩阵；

(3) AB 也为正交矩阵；

(4)A 的列(行)向量组为标准正交向量组；

其中 A, B 分别为正交矩阵.

例 5.4 设 $A=\begin{bmatrix}1 & 0\\0 & -1\end{bmatrix}$, $B=\begin{bmatrix}\cos\theta & -\sin\theta\\\sin\theta & \cos\theta\end{bmatrix}$, 则有: A, B 分别为正交矩阵且易得

(1) $|A|=-1$, $|B|=1$;

(2) $B^{\mathrm{T}}=B^{-1}=\begin{bmatrix}\cos\theta & \sin\theta\\-\sin\theta & \cos\theta\end{bmatrix}$也为正交矩阵；

(3) $AB=\begin{bmatrix}\cos\theta & -\sin\theta\\-\sin\theta & -\cos\theta\end{bmatrix}$,

所以$(AB)(AB)^{\mathrm{T}}=\begin{bmatrix}\cos\theta & -\sin\theta\\-\sin\theta & -\cos\theta\end{bmatrix}\begin{bmatrix}\cos\theta & -\sin\theta\\-\sin\theta & -\cos\theta\end{bmatrix}=E$, 即 AB 也为正交矩阵；

(4)A, B 的列(行)向量组为标准正交向量组

定义 5.6 若 P 为正交矩阵, 则线性变换 $y=Px$ 称为正交变换.

设 $y=Px$ 为正交变换, 则

$$|y|=\sqrt{y^{\mathrm{T}}y}=\sqrt{x^{\mathrm{T}}P^{\mathrm{T}}Px}=\sqrt{x^{\mathrm{T}}x}=|x|$$

这表明用正交矩阵作用于向量 x 不改变向量的长度.

第二节 特征值与特征向量

在讨论矩阵的相似化简之前, 首先要建立矩阵的特征值与特征向量的概念. 并且矩阵的特征值与特征向量有很重要的理论应用价值, 在研究线性系统的稳定性等时就要用到它们.

定义 5.7 设 $A=(a_{ij})_{n\times n}$为 n 阶方阵, 若存在数 λ 和 n 维非零向量 x, 使

$$Ax=\lambda x$$

成立, 则称数 λ 为方阵 A 的特征值, 非零向量 x 称为方阵 A 对应于特征值 λ 的特征向量.

由定义易得特征向量是非零向量且对应于某一特征值的. 若非零向量 x 是方阵 A 对应于特征值 λ 的特征向量, 则 $kx(k\neq0)$也是方阵 A 对应于特征值 λ 的特征向量.

为了得到方阵 A 的特征值和特征向量的计算方法, 将 $Ax=\lambda x$ 改写为

$$(A-\lambda E)x=0$$

这是一个含 n 个未知量 n 个方程的齐次线性方程组：

$$\begin{cases}(a_{11}-\lambda)x_1+a_{12}x_2+\cdots+a_{1n}x_n=0\\ a_{21}x_1+(a_{22}-\lambda)x_2+\cdots+a_{2n}x_n=0\\ \cdots\cdots\cdots\cdots\\ a_{n1}x_1+a_{n2}x_2+\cdots+(a_{nn}-\lambda)x_n=0\end{cases}$$

由于 x 是非零向量，所以该齐次线性方程组有非零解，而它有非零解的充要条件是系数行列式

$$|A-\lambda E|=0$$

由此，得到下面的定义.

定义 5.8　设 $A=(a_{ij})_{n\times n}$ 为 n 阶方阵，λ 为未知数，则称

$$|A-\lambda E|=\begin{vmatrix}a_{11}-\lambda & a_{12} & \cdots & a_{1n}\\ a_{21} & a_{22}-\lambda & \cdots & a_{2n}\\ \vdots & \vdots & & \vdots\\ a_{n1} & a_{n2} & \cdots & a_{nn}-\lambda\end{vmatrix}$$

为方阵 A 的特征多项式，记为 $f(\lambda)$，并将 $|A-\lambda E|=0$ 称为方阵 A 的特征方程.

从特征方程中求得的 λ_0 肯定满足 $|A-\lambda_0 E|=0$，所以 $(A-\lambda_0 E)x=0$ 必有非零解 x_0，这样 λ_0 为方阵 A 的特征值，每一非零解 x_0 为方阵 A 对应于特征值 λ_0 的特征向量.

此外由于特征多项式为 n 次多项式，所以它在复数范围内必有 n 个根（重根按重数计），这些都是方阵 A 的特征值，所以方阵 A 总有 n 个特征值.

例 5.5　设 $A=\begin{bmatrix}2 & 3\\ 1 & 4\end{bmatrix}$，求 A 的特征值和特征向量.

解　A 的特征方程为

$$|A-\lambda E|=\begin{vmatrix}2-\lambda & 3\\ 1 & 4-\lambda\end{vmatrix}=(\lambda-1)(\lambda-5)=0,$$

解之得 $\lambda_1=1$，$\lambda_2=5$ 为 A 的两个特征值.

对 $\lambda_1=1$，求解 $(A-E)X=0$，即

$$\begin{bmatrix}1 & 3\\ 1 & 3\end{bmatrix}\begin{bmatrix}x_1\\ x_2\end{bmatrix}=\begin{bmatrix}0\\ 0\end{bmatrix},$$

得方程组的一个基础解系为 $p_1=\begin{bmatrix}-3\\1\end{bmatrix}$. 所以 A 对应于 $\lambda_1=1$ 的全部特征向量为:

$$k_1p_1=k_1\begin{bmatrix}-3\\1\end{bmatrix}(k_1\text{ 是不等于零的任意常数})$$

对 $\lambda_2=5$, 同样可求出 $(A-5E)X=0$, 即

$$\begin{bmatrix}-3&3\\1&-1\end{bmatrix}\begin{bmatrix}x_1\\x_2\end{bmatrix}=\begin{bmatrix}0\\0\end{bmatrix}$$

的一个基础解系为 $p_2=\begin{bmatrix}1\\1\end{bmatrix}$, 则 A 对应于 $\lambda_2=5$ 的全部特征向量为:

$$k_2p_2=k_2\begin{bmatrix}1\\1\end{bmatrix}(k_2\text{ 是不等于零的任意常数})$$

例 5.6 求矩阵 $A=\begin{bmatrix}3&2&4\\2&0&2\\4&2&3\end{bmatrix}$ 的特征值和特征向量.

解 A 的特征方程为

$$|A-\lambda E|=\begin{vmatrix}3-\lambda&2&4\\2&-\lambda&2\\4&2&3-\lambda\end{vmatrix}=(8-\lambda)(\lambda+1)^2=0$$

解之得 $\lambda_1=\lambda_2=-1$, $\lambda_3=8$ 为 A 的特征值.

对 $\lambda_1=\lambda_2=-1$, 求解 $(A+E)X=0$, 即

$$\begin{bmatrix}4&2&4\\2&1&2\\4&2&4\end{bmatrix}\begin{bmatrix}x_1\\x_2\\x_3\end{bmatrix}=\begin{bmatrix}0\\0\\0\end{bmatrix},$$

得方程组的一个基础解系为 $p_1=\begin{bmatrix}-1\\2\\0\end{bmatrix}$, $p_2=\begin{bmatrix}-1\\0\\1\end{bmatrix}$. 所以 A 对应于 $\lambda_1=\lambda_2=-1$ 的全部特征向量为:

$$k_1p_1+k_2p_2=k_1\begin{bmatrix}-1\\2\\0\end{bmatrix}+k_2\begin{bmatrix}-1\\0\\1\end{bmatrix}(k_1,\ k_2\text{ 是不等于零的任意常数})$$

对 $\lambda_3=8$，同样可求出 $(A-8E)X=0$，即

$$\begin{bmatrix}-5&2&4\\2&-8&2\\4&2&-5\end{bmatrix}\begin{bmatrix}x_1\\x_2\\x_3\end{bmatrix}=\begin{bmatrix}0\\0\\0\end{bmatrix}$$

的一个基础解系为 $p_3=\begin{bmatrix}2\\1\\2\end{bmatrix}$，则 A 对应于 $\lambda_3=8$ 的全部特征向量为：

$$k_3p_3=k_3\begin{bmatrix}2\\1\\2\end{bmatrix}(k_3\text{ 是不等于零的任意常数})$$

下面介绍矩阵的特征值与特征向量的性质.

性质 1 若 n 阶方阵 $A=(a_{ij})_{n\times n}$ 有特征值 $\lambda_1, \lambda_2, \cdots, \lambda_n$，则必有

$$\lambda_1\lambda_2\cdots\lambda_n=|A|;$$

$$\lambda_1+\lambda_2+\cdots+\lambda_n=\sum_{i=1}^{n}a_{ii}$$

证明 由于特征值 $\lambda_1, \lambda_2, \cdots, \lambda_n$ 为特征多项式的 n 个根，所以特征多项式

$$|A-\lambda E|=(\lambda_1-\lambda)(\lambda_2-\lambda)\cdots(\lambda_n-\lambda)$$

将 $\lambda=0$ 代入即得 $\lambda_1\lambda_2\cdots\lambda_n=|A|$.

对于第二个等式，由行列式的定义得

$$|A-\lambda E|=C_0+C_1\lambda+\cdots+(-a_{11}-a_{22}-\cdots-a_{nn})\lambda^{n-1}+(-1)^n\lambda^n$$

将此式的右边与 $|A-\lambda E|=(\lambda_1-\lambda)(\lambda_2-\lambda)\cdots(\lambda_n-\lambda)$ 的右边比较，由 λ^{n-1} 得系数即得

$$\lambda_1+\lambda_2+\cdots+\lambda_n=\sum_{i=1}^{n}a_{ii}$$

性质 2 n 阶方阵 A 与它的转置 A^{T} 有相同的特征值.

证明 由于 $(A-\lambda E)^{\mathrm{T}}=A^{\mathrm{T}}-\lambda E$，所以

$$|A^{\mathrm{T}}-\lambda E|=|(A-\lambda E)^{\mathrm{T}}|=|A-\lambda E|.$$

性质 2 表明 A 与 A^{T} 有相同的特征多项式，所以它们有相同的特征值.

性质 3 n 阶方阵 A 的 s 个互不相等的特征值 $\lambda_1, \lambda_2, \cdots, \lambda_s$ 对应的特征向量 $p_1, p_2, \cdots p_s$ 线性无关.

这个性质可用例 5.6 验证，对于方阵 A 的 2 个不相等的特征值 $\lambda_1=-1$

和 $\lambda_3=8$，它们对应的一个特征向量分别为 $p_1=\begin{bmatrix}-1\\2\\0\end{bmatrix}$ 和 $p_3=\begin{bmatrix}2\\1\\2\end{bmatrix}$，显然 p_1 和 p_3 线性无关.

第三节 相似矩阵

定义 5.9 设 A，B 为 n 阶方阵，若存在可逆矩阵 P，使得

$$B=P^{-1}AP$$

则称 A 与 B 相似，或 B 是 A 的相似矩阵，记作 $A\sim B$，可逆矩阵 P 称为 A 与 B 的相似变换矩阵.

相似矩阵满足如下性质：

(1) 自反性：$A\sim A$；

(2) 对称性：若 $A\sim B$，则 $B\sim A$；

(3) 传递性：若 $A\sim B$，$B\sim C$，则 $A\sim C$.

其中 A，B，C 都为 n 阶方阵.

例 5.7 设 $A=\begin{bmatrix}3&-2\\-2&3\end{bmatrix}$，$B=\begin{bmatrix}1&0\\0&5\end{bmatrix}$，$C=\begin{bmatrix}1&2\\0&5\end{bmatrix}$，则令 $P_1=\begin{bmatrix}1&1\\1&-1\end{bmatrix}$，有

$$P_1^{-1}AP_1=\begin{bmatrix}1&1\\1&-1\end{bmatrix}^{-1}\begin{bmatrix}3&-2\\-2&3\end{bmatrix}\begin{bmatrix}1&1\\1&-1\end{bmatrix}$$

$$=\begin{bmatrix}\frac{1}{2}&\frac{1}{2}\\\frac{1}{2}&-\frac{1}{2}\end{bmatrix}\begin{bmatrix}3&-2\\-2&3\end{bmatrix}\begin{bmatrix}1&1\\1&-1\end{bmatrix}=\begin{bmatrix}1&0\\0&5\end{bmatrix}=B$$

所以 $A\sim B$，由性质 2 易知 $B\sim A$，这是由于 $A=(P_1^{-1})^{-1}BP_1^{-1}$. 再令 $P_2=\begin{bmatrix}1&2\\1&-3\end{bmatrix}$，有

$$P_2^{-1}AP_2=\begin{bmatrix}1&2\\1&-3\end{bmatrix}^{-1}\begin{bmatrix}3&-2\\-2&3\end{bmatrix}\begin{bmatrix}1&2\\1&-3\end{bmatrix}$$

$$=\begin{bmatrix}\frac{3}{5} & \frac{2}{5}\\ \frac{1}{5} & -\frac{1}{5}\end{bmatrix}\begin{bmatrix}3 & -2\\ -2 & 3\end{bmatrix}\begin{bmatrix}1 & 2\\ 1 & -3\end{bmatrix}=\begin{bmatrix}1 & 2\\ 0 & 5\end{bmatrix}=C$$

所以 $A\sim C$. 由性质 3，所以 $B\sim C$. 这个容易验证，令 $P_3=\begin{bmatrix}1 & -\frac{1}{2}\\ 0 & \frac{5}{2}\end{bmatrix}$，则

$$P_3^{-1}BP_3=\begin{bmatrix}1 & -\frac{1}{2}\\ 0 & \frac{5}{2}\end{bmatrix}^{-1}\begin{bmatrix}1 & 0\\ 0 & 5\end{bmatrix}\begin{bmatrix}1 & -\frac{1}{2}\\ 0 & \frac{5}{2}\end{bmatrix}$$

$$=\begin{bmatrix}1 & \frac{1}{5}\\ 0 & \frac{2}{5}\end{bmatrix}\begin{bmatrix}1 & 0\\ 0 & 5\end{bmatrix}\begin{bmatrix}1 & -\frac{1}{2}\\ 0 & \frac{5}{2}\end{bmatrix}=\begin{bmatrix}1 & 2\\ 0 & 5\end{bmatrix}=C$$

所以 $B\sim C$.

定理 5.2　相似矩阵有相同的特征多项式和特征值.

证明　设 n 阶方阵 $A\sim B$，则由定义存在可逆矩阵 P，使得 $B=P^{-1}AP$，所以

$$|B-\lambda E|=|P^{-1}AP-\lambda E|=|P^{-1}(A-\lambda E)P|=|P^{-1}||A-\lambda E||P|=|A-\lambda E|$$

即相似矩阵有相同的特征多项式，所以有相同的特征值.

推论 1　若 n 阶方阵 A 与对角矩阵

$$D=\begin{bmatrix}\lambda_1 & & & \\ & \lambda_2 & & \\ & & \ddots & \\ & & & \lambda_n\end{bmatrix}$$

相似，则 λ_1，λ_2，…，λ_n 是方阵 A 的 n 个特征值.

若方阵 A 与对角矩阵相似，则称方阵 A 可对角化.

定理 5.3　n 阶方阵 A 与对角矩阵相似的充分必要条件是 A 有 n 个线性无关的特征向量.

下面介绍如何利用上面的定理来对角化已知方阵 A. 设 A 有 n 个线性无关的特征向量 p_1，p_2，…，p_n，且

$$Ap_i = \lambda_i p_i (i = 1, 2, \cdots, n)$$

则令

$$P = [p_1 \quad p_2 \quad \cdots \quad p_n], \ D = \begin{bmatrix} \lambda_1 & & & \\ & \lambda_2 & & \\ & & \ddots & \\ & & & \lambda_n \end{bmatrix}$$

其中对角矩阵 D 中的特征值 $\lambda_1, \lambda_2, \cdots, \lambda_n$ 的次序要与 P 中特征向量 $p_1, p_2, \cdots, p_n$ 的次序一致. 则有

$D = P^{-1}AP$ 或 $A = PDP^{-1}$.

例 5.8　设矩阵 $A = \begin{bmatrix} 3 & 2 & 4 \\ 2 & 0 & 2 \\ 4 & 2 & 3 \end{bmatrix}$, 求与之相似的对角矩阵.

解　由上节例 5.6 知矩阵 A 的特征值为 $\lambda_1 = \lambda_2 = -1$, $\lambda_3 = 8$, 三个与之对应的线性无关的特征向量为

$$p_1 = \begin{bmatrix} -1 \\ 2 \\ 0 \end{bmatrix}, \ p_2 = \begin{bmatrix} -1 \\ 0 \\ 1 \end{bmatrix}, \ p_3 = \begin{bmatrix} 2 \\ 1 \\ 2 \end{bmatrix},$$

令

$$P = [p_1 \quad p_2 \quad p_3] = \begin{bmatrix} -1 & -1 & 2 \\ 2 & 0 & 1 \\ 0 & 1 & 2 \end{bmatrix},$$

由于

$$P^{-1} = \begin{bmatrix} -\frac{1}{9} & \frac{4}{9} & -\frac{1}{9} \\ -\frac{4}{9} & -\frac{2}{9} & \frac{5}{9} \\ \frac{2}{9} & \frac{1}{9} & \frac{2}{9} \end{bmatrix},$$

所以

$$P^{-1}AP=\begin{bmatrix}-\frac{1}{9} & \frac{4}{9} & -\frac{1}{9}\\ -\frac{4}{9} & -\frac{2}{9} & \frac{5}{9}\\ \frac{2}{9} & \frac{1}{9} & \frac{2}{9}\end{bmatrix}\begin{bmatrix}3 & 2 & 4\\ 2 & 0 & 2\\ 4 & 2 & 3\end{bmatrix}\begin{bmatrix}-1 & -1 & 2\\ 2 & 0 & 1\\ 0 & 1 & 2\end{bmatrix}=\begin{bmatrix}-1 & & \\ & -1 & \\ & & 8\end{bmatrix},$$

因此矩阵 A 与对角阵$\begin{bmatrix}-1 & & \\ & -1 & \\ & & 8\end{bmatrix}$相似.

由于不是每个 n 阶方阵都有 n 个线性无关的特征向量，联系上节的性质 3 立得：

定理 5.4　n 阶方阵 A 与对角矩阵相似的充分必要条件是 A 有 n 个互不相同的特征值.

由方阵 A 的对角化可以简化 A^k 的运算. 若方阵 A 可对角化，即存在可逆矩阵 P 和对角矩阵 D，使得 $A=PDP^{-1}$，所以易得 $A^k=(PDP^{-1})^k=PD^kP^{-1}$.

例 5.9　设 $A=\begin{bmatrix}3 & -2\\ -2 & 3\end{bmatrix}$，求 A^{10}.

解　由例 5.7 得 $P_1^{-1}AP_1=B$，其中 $P_1=\begin{bmatrix}1 & 1\\ 1 & -1\end{bmatrix}$，$B=\begin{bmatrix}1 & 0\\ 0 & 5\end{bmatrix}$，所以 $A=P_1BP_1^{-1}$，因此

$$A^{10}=(P_1BP_1^{-1})^{10}=P_1B^{10}P_1^{-1}=\begin{bmatrix}1 & 1\\ 1 & -1\end{bmatrix}\begin{bmatrix}1 & 0\\ 0 & 5\end{bmatrix}^{10}\begin{bmatrix}1 & 1\\ 1 & -1\end{bmatrix}^{-1}$$

$$=\begin{bmatrix}1 & 1\\ 1 & -1\end{bmatrix}\begin{bmatrix}1 & 0\\ 0 & 5^{10}\end{bmatrix}\begin{bmatrix}\frac{1}{2} & \frac{1}{2}\\ \frac{1}{2} & -\frac{1}{2}\end{bmatrix}$$

$$=\frac{1}{2}\begin{bmatrix}1+5^{10} & 1-5^{10}\\ 1-5^{10} & 1+5^{10}\end{bmatrix}$$

由于实对称矩阵在二次型中有重要应用，下面介绍实对称矩阵的对角化.

定义 5.10　若 n 阶方阵 $A=(a_{ij})_{n\times n}$的每个元素是实数，且是对称矩阵，则称 A 为 n 阶实对称矩阵.

实对称矩阵的特征值和特征向量有如下性质：

定理 5.5 实对称矩阵的特征值是实数.

定理 5.6 实对称矩阵的不同特征值对应的特征向量是正交的.

定理 5.7 设 A 为 n 阶实对称矩阵，λ 是 A 的特征方程的 r 重根，则对应特征值 λ 恰有 r 个线性无关的特征向量.

定理 5.8 设 A 为 n 阶实对称矩阵，则必有一个正交矩阵 P 使得

$$D=P^{-1}AP \text{ 或 } A=PDP^{-1}$$

其中 D 为对角矩阵，对角线上的元素为 A 的 n 个特征值(重根时按重数重复出现).

由上面的定理知实对称矩阵一定可以对角化. 设 A 的互不相等的特征值为 λ_1, λ_2, $\cdots$, λ_s，它们的重数分别为 r_1, r_2, $\cdots$, $r_s(r_1+r_2+\cdots+r_s=n)$.

由定理 5.6 知对于特征值 $\lambda_i(i=1, 2, \cdots, s)$，恰有 r_i 个线性无关的特征向量，把它们先正交化，再单位化即得 r_i 个单位正交的特征向量. 由于 $r_1+r_2+\cdots+r_s=n$，所以这样的特征向量共有 n 个.

由定理 5.6，对应于不同特征值的特征向量是正交的，所以这 n 个单位特征向量两两正交. 则以它们为列向量构成的矩阵 P 为正交矩阵，且满足 $D=P^{-1}AP$ 或 $A=PDP^{-1}$，其中 D 为对角矩阵，对角线上的元素为 A 的 n 个特征值(重根时按重数重复出现).

例 5.10 设实对称矩阵 $A=\begin{bmatrix}1&0&1\\0&1&1\\1&1&2\end{bmatrix}$，试求正交矩阵 P，使 $P^{-1}AP$ 为对角矩阵.

解 先求 A 的特征值，由于

$$|A-\lambda E|=\begin{vmatrix}1-\lambda&0&1\\0&1-\lambda&1\\1&1&2-\lambda\end{vmatrix}=-\lambda(\lambda-1)(\lambda-3)$$

所以矩阵 A 的特征值为：$\lambda_1=0$, $\lambda_2=1$, $\lambda_3=3$.

当 $\lambda_1=0$ 时，解方程组：$(A-\lambda_1E)x=\begin{bmatrix}1&0&1\\0&1&1\\1&1&2\end{bmatrix}\begin{bmatrix}x_1\\x_2\\x_3\end{bmatrix}=\begin{bmatrix}0\\0\\0\end{bmatrix}$，得一个基

础解系：$\alpha_1=\begin{bmatrix}1\\1\\-1\end{bmatrix}$，将之单位化即得：$p_1=\begin{bmatrix}\frac{1}{\sqrt{3}}\\\frac{1}{\sqrt{3}}\\-\frac{1}{\sqrt{3}}\end{bmatrix}$.

当 $\lambda_2=1$ 时，解方程组：$(A-\lambda_2E)x=\begin{bmatrix}0&0&1\\0&0&1\\1&1&1\end{bmatrix}\begin{bmatrix}x_1\\x_2\\x_3\end{bmatrix}=\begin{bmatrix}0\\0\\0\end{bmatrix}$，得一个基础解系：$\alpha_2=\begin{bmatrix}1\\-1\\0\end{bmatrix}$，将之单位化即得：$p_2=\begin{bmatrix}\frac{1}{\sqrt{2}}\\-\frac{1}{\sqrt{2}}\\0\end{bmatrix}$.

当 $\lambda_3=3$ 时，解方程组：$(A-\lambda_3E)x=\begin{bmatrix}-2&0&1\\0&-2&1\\1&1&-1\end{bmatrix}\begin{bmatrix}x_1\\x_2\\x_3\end{bmatrix}=\begin{bmatrix}0\\0\\0\end{bmatrix}$，得一个基础解系：$\alpha_3=\begin{bmatrix}1\\1\\2\end{bmatrix}$，将之单位化即得：$p_3=\begin{bmatrix}\frac{1}{\sqrt{6}}\\\frac{1}{\sqrt{6}}\\\frac{2}{\sqrt{6}}\end{bmatrix}$.

由于 p_1，p_2，p_3 对应矩阵 A 的不同特征值，所以它们是单位正交向量，以它们为列向量就构成正交矩阵

$$P=\begin{bmatrix}\frac{1}{\sqrt{3}}&\frac{1}{\sqrt{2}}&\frac{1}{\sqrt{6}}\\\frac{1}{\sqrt{3}}&-\frac{1}{\sqrt{2}}&\frac{1}{\sqrt{6}}\\-\frac{1}{\sqrt{3}}&0&\frac{2}{\sqrt{6}}\end{bmatrix}$$

且

$$P^{-1}AP=\begin{bmatrix}0 & & \\ & 1 & \\ & & 3\end{bmatrix}$$

第四节 标准二次型

对于二次型的研究起源于解析几何中化二次曲线和二次曲面为标准形的问题，它在线性系统理论、概率统计和工程技术等诸多领域中有着广泛的应用.

在平面解析几何中，以原点为中心的二次曲线的一般方程为

$$ax^2+bxy+cy^2=d$$

为了研究它的性质，选择合适的坐标变换

$$\begin{cases}x=x'\cos\theta-y'\sin\theta\\ y=x'\sin\theta+y'\cos\theta\end{cases}$$

可将一般方程变为标准方程

$$a'x'^2+b'y'^2=d'$$

这样可以很方便地辨别曲线的类型. 从代数的观点来看，二次曲线的一般方程就是一个一般的二次型，坐标变换就为一个线性变换，标准方程为二次型的标准形，它只含平方项. 现在将这些概念推广到一般情况.

定义 5.11 含有 n 个实变量 $x_1, x_2, \cdots, x_n$ 的二次多项式

$$\begin{aligned}f(x_1, x_2, \cdots, x_n)=&a_{11}x_1^2+2a_{12}x_1x_2+\cdots+2a_{1n}x_1x_n\\&+a_{22}x_2^2+2a_{23}x_2x_3+\cdots+2a_{2n}x_2x_n+\cdots+a_{nn}x_n^2\end{aligned}$$

称为 n 元二次型，简称二次型. 当系数 $a_{ij}(1\leqslant i\leqslant n;\ i\leqslant j\leqslant n;)$ 全为实数时，称为 n 元实二次型.

若 $a_{ij}=a_{ji}$，则 $2a_{ij}x_ix_j=a_{ij}x_ix_j+a_{ji}x_jx_i$，所以二次型公式还可表示为：

$$\begin{aligned}f(x_1, x_2, \cdots, x_n)=&a_{11}x_1^2+a_{12}x_1x_2+\cdots+a_{1n}x_1x_n+\\&a_{21}x_2x_1+a_{22}x_2^2+\cdots+a_{2n}x_2x_n+\\&\cdots+a_{n1}x_nx_1+a_{n2}x_nx_2+\cdots+a_{nn}x_n^2\sum_{i=1}^{n}\sum_{j=1}^{n}a_{ij}x_ix_j\end{aligned}$$

若令

$$A=\begin{bmatrix} a_{11} & a_{12} & \cdots & a_{1n} \\ a_{21} & a_{22} & \cdots & a_{2n} \\ \cdots & \cdots & \cdots & \cdots \\ a_{n1} & a_{n2} & \cdots & a_{nn} \end{bmatrix},\ X=\begin{bmatrix} x_1 \\ x_2 \\ \vdots \\ x_n \end{bmatrix}$$

其中 $A^{\mathrm{T}}=A$，即 A 为实对称矩阵，则二次型公式还可利用矩阵表示为：

$$\begin{aligned} f(x_1, x_2, \cdots, x_n) &= x_1(a_{11}x_1+a_{12}x_2+\cdots+a_{1n}x_n)+ \\ &\quad x_2(a_{21}x_1+a_{22}x_2+\cdots+a_{2n}x_n)+ \\ &\quad \cdots+x_n(a_{n1}x_1+a_{n2}x_2+\cdots+a_{nn}x_n) \\ &= [x_1 \quad x_2 \quad \cdots \quad x_n]\begin{bmatrix} a_{11}x_1+a_{12}x_2+\cdots+a_{1n}x_n \\ a_{21}x_1+a_{22}x_2+\cdots+a_{2n}x_n \\ \vdots \\ a_{n1}x_1+a_{n2}x_2+\cdots+a_{nn}x_n \end{bmatrix} \\ &= [x_1 \quad x_2 \quad \cdots \quad x_n]\begin{bmatrix} a_{11} & a_{12} & \cdots & a_{1n} \\ a_{21} & a_{22} & \cdots & a_{2n} \\ \cdots & \cdots & \cdots & \cdots \\ a_{n1} & a_{n2} & \cdots & a_{nn} \end{bmatrix}\begin{bmatrix} x_1 \\ x_2 \\ \vdots \\ x_n \end{bmatrix}=X^{\mathrm{T}}AX \end{aligned}$$

由矩阵的二次型形式易知，任意给一个 n 元二次型 f，都有一个唯一确定的 n 阶对称方阵 A 与之对应；反之，任意给一个 n 阶对称方阵 A，都有一个唯一确定的 n 元二次型 f 与之对应. 因此，n 元二次型 f 与 n 阶对称方阵 A 存在着一一对应关系，称 n 阶对称方阵 A 为 n 元二次型 f 的矩阵，也称 n 元二次型 f 为 n 阶对称阵 A 的二次型，且规定，二次型 f 的秩就是对称阵 A 的秩. 因此，就可以利用矩阵论的相关结论来研究二次型问题.

例 5.11　设二次型

$$f(x_1, x_2, x_3)=x_1^2+x_1x_2+4x_1x_3+2x_2^2+2x_2x_3-x_3^2,$$

试求该二次型的矩阵 A.

解　由题

$$\begin{aligned} f(x_1, x_2, x_3) &= x_1^2+\frac{1}{2}x_1x_2+2x_1x_3+\frac{1}{2}x_1x_2+2x_2^2+x_2x_3+2x_1x_3+x_2x_3-x_3^2 \\ &= x_1\left(x_1+\frac{1}{2}x_2+2x_3\right)+x_2\left(\frac{1}{2}x_1+2x_2+x_3\right)+x_3(2x_1+x_2-x_3) \end{aligned}$$

$$= [x_1 \quad x_2 \quad x_3]\begin{bmatrix} x_1+\frac{1}{2}x_2+2x_3 \\ \frac{1}{2}x_1+2x_2+x_3 \\ 2x_1+x_2-x_3 \end{bmatrix}$$

$$= [x_1 \quad x_2 \quad x_3]\begin{bmatrix} 1 & \frac{1}{2} & 2 \\ \frac{1}{2} & 2 & 1 \\ 2 & 1 & -1 \end{bmatrix}\begin{bmatrix} x_1 \\ x_2 \\ x_3 \end{bmatrix}$$

所以该二次型的矩阵为

$$A=\begin{bmatrix} 1 & \frac{1}{2} & 2 \\ \frac{1}{2} & 2 & 1 \\ 2 & 1 & -1 \end{bmatrix}$$

由上例可发现，二次型的矩阵 A 有如下特点：主对角线上元素 a_{ii} 为二次型中 x_i^2 的系数，$a_{ij}=a_{ji}(i\neq j)$ 为二次型中 x_ix_j 系数的一半. 所以给一个二次型，可以利用上面的特点很快写出它的矩阵；同样给一个实对称矩阵 A，可以利用上面的特点很快写出它的二次型.

定义 5.12 只含有平方项的二次型，即形如

$$f=k_1y_1^2+k_2y_2^2+\cdots+k_ny_n^2=[y_1 \quad y_2 \quad \cdots \quad y_n]\begin{bmatrix} k_1 & & & \\ & k_2 & & \\ & & \ddots & \\ & & & k_n \end{bmatrix}\begin{bmatrix} y_1 \\ y_2 \\ \vdots \\ y_n \end{bmatrix}$$

其中 $k_i(1\leqslant i\leqslant n)$ 不全为零，称为二次型的标准形.

由标准形的矩阵形式易得标准形对应的矩阵为对角阵. 标准形是最简单的二次型，下面讨论二次型怎么样简化为标准形.

配方法：

定理 5.9 任意一个二次型都可以通过可逆的线性变换将它化为标准形.

例 5.12　将二次型 $f(x_1, x_2, x_3)=x_1^2+x_1x_2+4x_1x_3+2x_2^2+2x_2x_3-x_3^2$ 化为标准形，并求所用到的可逆线性变换矩阵 C.

解　将二次型先看成关于 x_1 的二次三项式，对 x_1 进行配方，则剩下的项不含 x_1,

$$
\begin{aligned}
f(x_1, x_2, x_3) &= x_1^2+(x_2+4x_3)x_1+2x_2^2+2x_2x_3-x_3^2 \\
&= \left(x_1+\frac{1}{2}x_2+2x_3\right)^2-\left(\frac{1}{2}x_2+2x_3\right)^2+2x_2^2+2x_2x_3-x_3^2 \\
&= \left(x_1+\frac{1}{2}x_2+2x_3\right)^2+\frac{7}{4}x_2^2-5x_3^2
\end{aligned}
$$

此例比较特殊，对 x_1 进行配方后剩下的项只有平方项了，若剩下的项还有交叉项则继续对 x_2, x_3 进行配方，最后即得只含平方项的式子.

取可逆线性变换

$$
\begin{cases} y_1=x_1+\frac{1}{2}x_2+2x_3 \\ y_2=x_2 \\ y_3=x_3 \end{cases}
\text{即}
\begin{cases} x_1=y_1-\frac{1}{2}y_2-2y_3 \\ x_2=y_2 \\ x_3=y_3 \end{cases}
$$

所以要求的标准形为

$$f(x_1, x_2, x_3)=y_1^2+\frac{7}{4}y_2^2-5y_3^2$$

可逆线性变换矩阵

$$C=\begin{bmatrix} 1 & -\frac{1}{2} & -2 \\ 0 & 1 & 0 \\ 0 & 0 & 1 \end{bmatrix}$$

正交变换法：

定理 5.10　对于任意一个二次型 $f(x_1, x_2, \cdots, x_n)=X^{\mathrm{T}}AX$，都存在 n 阶正交阵 P，使得经过线性变换

$$X=PY$$

把二次型变为标准形.

例 5.13　求正交变换 $X=PY$，将二次型

$f(x_1, x_2, x_3)=4x_1^2+4x_1x_2+4x_1x_3+4x_2^2+4x_2x_3+4x_3^2$ 化为标准形.

解　(1)求二次型 f 的矩阵 A,

由题易得 $A=\begin{bmatrix}4&2&2\\2&4&2\\2&2&4\end{bmatrix}$

(2)求矩阵 A 的特征值，

$$|A-\lambda E|=\begin{vmatrix}4-\lambda&2&2\\2&4-\lambda&2\\2&2&4-\lambda\end{vmatrix}=(8-\lambda)(\lambda-2)^2$$

所以矩阵 A 的特征值为 $\lambda_1=8$，$\lambda_2=\lambda_3=2$.

(3)求矩阵 A 的各特征值对应的单位正交特征向量，构造正交矩阵 P.

当 $\lambda_1=8$ 时，得线性方程组

$$\begin{bmatrix}-4&2&2\\2&-4&2\\2&2&-4\end{bmatrix}\begin{bmatrix}x_1\\x_2\\x_3\end{bmatrix}=\begin{bmatrix}0\\0\\0\end{bmatrix}$$

解之得对应于 $\lambda_1=8$ 的单位特征向量 $p_1=\begin{bmatrix}\frac{1}{\sqrt{3}}\\\frac{1}{\sqrt{3}}\\\frac{1}{\sqrt{3}}\end{bmatrix}$；

当 $\lambda_2=\lambda_3=2$ 时，得线性方程组

$$\begin{bmatrix}2&2&2\\2&2&2\\2&2&2\end{bmatrix}\begin{bmatrix}x_1\\x_2\\x_3\end{bmatrix}=\begin{bmatrix}0\\0\\0\end{bmatrix}$$

解之得对应于 $\lambda_2=\lambda_3=2$ 的单位正交特征向量为

$$p_2=\begin{bmatrix}-\frac{1}{\sqrt{2}}\\\frac{1}{\sqrt{2}}\\0\end{bmatrix},\ p_3=\begin{bmatrix}\frac{1}{\sqrt{6}}\\\frac{1}{\sqrt{6}}\\-\frac{2}{\sqrt{6}}\end{bmatrix}$$

由 p_1，p_2，p_3 作为列向量构造正交矩阵

$$P=\begin{bmatrix}\frac{1}{\sqrt{3}} & -\frac{1}{\sqrt{2}} & \frac{1}{\sqrt{6}}\\ \frac{1}{\sqrt{3}} & \frac{1}{\sqrt{2}} & \frac{1}{\sqrt{6}}\\ \frac{1}{\sqrt{3}} & 0 & -\frac{2}{\sqrt{6}}\end{bmatrix}$$

(4)求标准形与正交变换，

正交变换为

$$\begin{bmatrix}x_1\\x_2\\x_3\end{bmatrix}=\begin{bmatrix}\frac{1}{\sqrt{3}} & -\frac{1}{\sqrt{2}} & \frac{1}{\sqrt{6}}\\ \frac{1}{\sqrt{3}} & \frac{1}{\sqrt{2}} & \frac{1}{\sqrt{6}}\\ \frac{1}{\sqrt{3}} & 0 & -\frac{2}{\sqrt{6}}\end{bmatrix}\begin{bmatrix}y_1\\y_2\\y_3\end{bmatrix}$$

标准形为 $f(y_1, y_2, y_3)=8y_1^2+2y_2^2+2y_3^2$.

定理 5.11　如果二次型 $f(x_1, x_2, \cdots, x_n)=X^{\mathrm{T}}AX$ 经过可逆的线性变换 $X=CY$，化为新的二次型 $f(y_1, y_2, \cdots, y_n)=Y^{\mathrm{T}}(C^{\mathrm{T}}AC)Y$，则 $B=C^{\mathrm{T}}AC$ 是对称矩阵，且 $R(B)=R(A)$.

第五节　正定二次型

由上节可知，一个二次型可能有很多标准形，它与所采用的线性变换有关. 但是由上节定理 5.11 易知，经过可逆线性变换后二次型的矩阵的秩不变，由此可以得到如下定理.

定理 5.12(惯性定理)　设实二次型 $f=X^{\mathrm{T}}AX$ 的秩为 r，则无论采用何种可逆线性变换化简二次型 f，得到的标准形中非零平方项的个数等于唯一确定的数 r，且其中系数为正的个数与为负的个数也是唯一确定的，与所做的可逆线性变换无关.

更通俗地讲，若有两个可逆变换 $X=C_1Y$，$X=C_2Z$ 分别使

$$f=k_1y_1^2+k_2y_2^2+\cdots k_ry_r^2,\ f=\lambda_1z_1^2+\lambda_2z_2^2+\cdots\lambda_rz_r^2$$

则 $k_1, k_2, \cdots, k_r$ 中正数的个数与 $\lambda_1, \lambda_2, \cdots, \lambda_r$ 中正数的个数相同.

实二次型 f 的标准形中正系数的个数称为 f 的正惯性指数，负系数的个数称为 f 的负惯性指数.

所以二次型的不同标准形的不为零的平方项的个数总是相同的.

定义 5.13 设实二次型 $f=X^{\mathrm{T}}AX$，若对任意 $X\neq 0$ 都有 $f(X)>0$，则称 f 为正定二次型，并称 f 的实对称矩阵 A 是正定的，记为 $A>0$；若对任意 $X\neq 0$ 都有 $f(X)<0$，则称 f 为负定二次型，并称 f 的实对称矩阵 A 是负定的，记为 $A<0$.

定理 5.13 n 元实二次型 $f=X^{\mathrm{T}}AX$ 为正定二次型的充分必要条件为它的标准形的 n 个系数全大于零.

利用二次型的标准化过程和正惯性指数的概念易得如下推论.

推论 1 n 元实二次型 $f=X^{\mathrm{T}}AX$ 为正定二次型的充分必要条件为它的矩阵的 n 个特征值全大于零.

推论 2 n 元实二次型 $f=X^{\mathrm{T}}AX$ 为正定二次型的充分必要条件为它的正惯性指数的个数为 n.

下面介绍另一种比较实用的判别二次型是否正定的方法.

定义 5.14 n 阶方阵 A 的前 k 行与前 k 列交叉处的元素构成的 k 子式

$$\begin{vmatrix} a_{11} & a_{12} & \cdots & a_{1k} \\ a_{21} & a_{22} & \cdots & a_{2k} \\ \cdots & \cdots & \cdots & \cdots \\ a_{k1} & a_{k2} & \cdots & a_{kk} \end{vmatrix}$$

称为矩阵 A 的 k 阶顺序主子式.

定理 5.14[(霍尔维茨)Hurwitz 定理]

(1) n 元实二次型 $f=X^{\mathrm{T}}AX$ 为正定二次型的充分必要条件为 A 的各阶顺序主子式全大于零；

(2) n 元实二次型 $f=X^{\mathrm{T}}AX$ 为负定二次型的充分必要条件为 A 的奇数阶顺序主子式全小于零，A 的偶数阶顺序主子式全大于零.

例 5.14 判定二次型

$$f=2x_1^2+5x_2^2+5x_3^2+4x_1x_2-4x_1x_3-8x_2x_3$$

的正定性.

解

方法一： 利用推论 1：

由题易得 f 的矩阵

$$A=\begin{bmatrix}2 & 2 & -2\\ 2 & 5 & -4\\ -2 & -4 & 5\end{bmatrix}$$

所以特征方程为

$$|A-\lambda E|=\begin{vmatrix}2-\lambda & 2 & -2\\ 2 & 5-\lambda & -4\\ -2 & -4 & 5-\lambda\end{vmatrix}=(10-\lambda)(\lambda-1)^2=0$$

所以矩阵 A 的特征值为 $\lambda_1=10$，$\lambda_2=\lambda_3=1$，全为正，所以 f 是正定二次型.

方法二： 利用定理 5.13 或推论 2：

利用配方法将二次型化为标准形，

$$f=2\left(x_1+x_2-x_3\right)^2+3\left(x_2-\frac{2}{3}x_3\right)^2+\frac{5}{3}x_3^2$$

令

$$\begin{cases}y_1=x_1+x_2-x_3\\ y_2=x_2-\dfrac{2}{3}x_3\\ y_3=x_3\end{cases}$$

得 f 的标准形为

$$f=2y_1^2+3y_2^2+\frac{5}{3}y_3^2$$

利用定理 5.13 或推论 2 易得 f 是正定二次型.

方法三： 利用定理 5.14：

由题易得矩阵 A 的各阶顺序主子式如下：

$$\det A_1=a_{11}=2>0$$

$$\det A_2=\begin{vmatrix}a_{11} & a_{12}\\ a_{21} & a_{22}\end{vmatrix}=\begin{vmatrix}2 & 2\\ 2 & 5\end{vmatrix}=6>0$$

$$\det A_3=|A|=\begin{vmatrix}2 & 2 & -2\\ 2 & 5 & -4\\ -2 & -4 & 5\end{vmatrix}=10>0$$

所以由定理 5.14，f 是正定二次型.

从上例发现定理 5.14 对于判断二次型的正定性是非常有效的.

第六节 典型例题分析

例 5.15 设 α, β, γ 为 R^n 中的任意向量，下列表达式中哪个表示向量？哪个表示数？哪个没有意义？

(1) $(\alpha, \beta)\gamma$；(2) $(\alpha, \beta)(\beta, \gamma)$；(3) $(\alpha, \beta)\gamma+\alpha$；

(4) $\dfrac{\alpha}{|\alpha|}$；(5) $(\alpha, \beta)+\gamma$；(6) $\dfrac{1}{(\alpha, \beta)}(\alpha+\gamma)$.

解

(1) (α, β)是数，$(\alpha, \beta)\gamma$ 是数乘向量，所以$(\alpha, \beta)\gamma$ 有意义，为向量；

(2) (α, β)是数，(β, γ)也是数，所以$(\alpha, \beta)(\beta, \gamma)$有意义，为数；

(3) (α, β)是数，$(\alpha, \beta)\gamma$ 是向量，所以$(\alpha, \beta)\gamma+\alpha$ 有意义，为向量；

(4) 当 $\alpha\neq 0$ 时，$|\alpha|\neq 0$，所以$\dfrac{\alpha}{|\alpha|}=\dfrac{1}{|\alpha|}\alpha$ 表示向量；

(5) (α, β)是数，γ 是向量，所以$(\alpha, \beta)+\gamma$ 无意义；

(6) 当$(\alpha, \beta)\neq 0$ 时，$\dfrac{1}{(\alpha, \beta)}(\alpha+\gamma)$有意义，为向量.

例 5.16 求下列矩阵 A 的特征值和特征向量

(1) A 是 n 阶零矩阵；

(2) A 是 n 阶数量矩阵.

解

(1) 因为$|\lambda E-A|=\lambda^n$，所以只有 $\lambda=0$ 为 A 的特征值，

当 $\lambda=0$ 时，对任意的 n 维向量 x，都有 $Ax=\lambda x$，

所以任意 n 维向量 x 都是 n 阶零矩阵对应特征值 0 时的特征向量.

(2) A 是 n 阶数量矩阵，所以可设 $A=aE$，

由于$|\lambda E-A|=(\lambda-a)^n$，所以 A 的全部特征值均为 a，

又当 $\lambda=a$ 时，对任意的 n 维向量 x，都有 $Ax=aEx=ax$，

所以任意 n 维向量 x 都是 n 阶数量矩阵对应特征值 a 时的特征向量.

例 5.17 求 k，使 $k=\begin{bmatrix}1\\k\\1\end{bmatrix}$是 $A=\begin{bmatrix}2&1&1\\1&2&1\\1&1&2\end{bmatrix}$的特征向量.

解　设 p 是 A 的特征向量，则有：

$Ap=\lambda p$

所以

$$\begin{bmatrix}2&1&1\\1&2&1\\1&1&2\end{bmatrix}\begin{bmatrix}1\\k\\1\end{bmatrix}=\lambda\begin{bmatrix}1\\k\\1\end{bmatrix}\Leftrightarrow\begin{bmatrix}3+k\\2+2k\\3+k\end{bmatrix}=\begin{bmatrix}\lambda\\\lambda k\\\lambda\end{bmatrix}$$

所以

$$\begin{cases}k+3=\lambda\\2+2k=k\lambda\end{cases}\Rightarrow 2+2k=(k+3)k\Rightarrow k^2+k-2=(k+2)(k-1)=0$$

即 $k=-2$ 或 $k=1$.

例 5.18　设 λ 是 n 阶可逆方阵 A 的一个特征值，求：

(1) kA 的特征值；

(2) A 的逆矩阵 A^{-1} 的特征值；

(3) A 的伴随矩阵 A^* 的特征值；

(4) A^m 的特征值（m 为正整数）；

(5) $E+A$ 的特征值.

解　由题易得，存在向量 $x\neq 0$，使得 $Ax=\lambda x$，即 x 为 A 对应于特征值 λ 的特征向量.

(1) 对于特征向量 x，由于 $(kA)x=k(Ax)=k(\lambda x)=(k\lambda)x$，

所以 $k\lambda$ 是 kA 的特征值；

(2) 由于 A 可逆，所以 $\lambda\neq 0$，在 $Ax=\lambda x$ 两边左乘 A^{-1}，得到

$$x=\lambda A^{-1}x,$$

再在两边左乘 λ^{-1}，得到

$$A^{-1}x=\lambda^{-1}x,$$

所以 λ^{-1} 为 A^{-1} 的特征值；

(3) 在 $Ax=\lambda x$ 两边左乘 A^*，得到

$|A|x=\lambda A^*x$,

由于 A 可逆，所以 $\lambda\neq 0$，所以上式两边左乘 λ^{-1}，得到.

$$A^*x=\lambda^{-1}|A|x,$$

所以，A^* 的特征值为 $\lambda^{-1}|A|$；

(3) 由题易得

$$A^2x=A(\lambda x)=\lambda Ax=\lambda^2x,$$

所以由易得 A^m 的特征值为 λ^m（m 为正整数）；

(5)由题易得

$$(E+A)x=Ex+Ax=(\lambda+1)x$$

所以 $I+A$ 的特征值为 $\lambda+1$.

例 5.19 设0是矩阵 $A=\begin{bmatrix}1&0&1\\0&2&0\\1&0&a\end{bmatrix}$的特征值，求

(1) a；

(2) A 的其他特征值.

解

(1)由于0是 A 的一个特征值，所以，

$$|A|=0,$$

又

$$|A|=2a-2,$$

所以

$$a=1.$$

(2)由题及(1)得到的结果易得

$$|\lambda E-A|=\begin{vmatrix}\lambda-1&0&-1\\0&\lambda-2&0\\-1&0&\lambda-1\end{vmatrix}=\lambda(\lambda-2)^2$$

所以 A 的其他特征值为2.

例 5.20 已知 $A=\begin{bmatrix}1&0\\-1&2\end{bmatrix}$，求：

(1)求 P，使 $P^{-1}AP$ 为对角阵；

(2)求 A^3.

解

(1)先求 A 的特征值，由特征方程

$$|\lambda E-A|=\begin{vmatrix}\lambda-1&0\\1&\lambda-2\end{vmatrix}=(\lambda-1)(\lambda-2)=0$$

得 $\lambda_1=1$，$\lambda_2=2$；

再求特征向量，可解齐次线性方程组 $(\lambda E-A)x=0$，

当 $\lambda_1=1$ 时，齐次方程组为

$$\begin{bmatrix}0 & 0\\1 & -1\end{bmatrix}\begin{bmatrix}x_1\\x_2\end{bmatrix}=\begin{bmatrix}0\\0\end{bmatrix},$$

得方程组的一个基础解系为 $p_1=\begin{bmatrix}1\\1\end{bmatrix}$，

当 $\lambda_2=2$ 时，齐次方程组为

$$\begin{bmatrix}1 & 0\\1 & 0\end{bmatrix}\begin{bmatrix}x_1\\x_2\end{bmatrix}=\begin{bmatrix}0\\0\end{bmatrix},$$

得方程组的一个基础解系为 $p_2=\begin{bmatrix}0\\1\end{bmatrix}$，

令 $P=(p_1p_2)=\begin{bmatrix}1 & 0\\1 & 1\end{bmatrix}$，则有 $P^{-1}=\begin{bmatrix}1 & 0\\-1 & 1\end{bmatrix}$，所以

$$P^{-1}AP=\begin{bmatrix}1 & 0\\-1 & 1\end{bmatrix}\begin{bmatrix}1 & 0\\-1 & 2\end{bmatrix}\begin{bmatrix}1 & 0\\1 & 1\end{bmatrix}=\begin{bmatrix}1 & 0\\0 & 2\end{bmatrix},$$

(2)由(1)得

$$A=P\begin{bmatrix}1 & 0\\0 & 2\end{bmatrix}P^{-1}$$

所以

$$\begin{aligned}A^3&=P\begin{bmatrix}1 & 0\\0 & 2\end{bmatrix}P^{-1}P\begin{bmatrix}1 & 0\\0 & 2\end{bmatrix}P^{-1}P\begin{bmatrix}1 & 0\\0 & 2\end{bmatrix}P^{-1}\\&=P\begin{bmatrix}1 & 0\\0 & 2\end{bmatrix}^3P^{-1}\\&=\begin{bmatrix}1 & 0\\1 & 1\end{bmatrix}\begin{bmatrix}1 & 0\\0 & 8\end{bmatrix}\begin{bmatrix}1 & 0\\-1 & 1\end{bmatrix}\\&=\begin{bmatrix}1 & 0\\-7 & 8\end{bmatrix}\end{aligned}$$

例 5.21　设三阶实对称矩阵 A 的特征值为 $\lambda_1=-1$，$\lambda_2=\lambda_3=1$. 已知 A 的属于 $\lambda_1=-1$ 的特征向量为 $p_1=\begin{bmatrix}0\\1\\1\end{bmatrix}$，求出 A 的属于特征值 $\lambda_2=\lambda_3=1$ 的特征向量，并求出对称矩阵 A.

解 因为属于对称矩阵的不同特征值的特征向量必互相正交，

所以，设属于特征值 $\lambda_2=\lambda_3=1$ 的特征向量为 $x=\begin{bmatrix}x_1\\x_2\\x_3\end{bmatrix}$，则 x 的分量满足

$(p_1, x)=x_2+x_3=0$，x_1 任意，

取线性无关解 $p_2=\begin{bmatrix}1\\0\\0\end{bmatrix}$，$p_3=\begin{bmatrix}0\\1\\-1\end{bmatrix}$，这就是 A 的属于特征值 $\lambda_2=\lambda_3=1$ 的特征向量. 令

$$P=(p_1, p_2, p_3)=\begin{bmatrix}0&1&0\\1&0&1\\1&0&-1\end{bmatrix},$$

则

$$P^{-1}=\frac{1}{|P|}P^*=\frac{1}{2}\begin{bmatrix}0&1&1\\2&0&0\\0&1&-1\end{bmatrix},$$

又 $P^{-1}AP=diag(-1, 1, 1)$，所以

$$\begin{aligned}A&=P\begin{bmatrix}-1&0&0\\0&1&0\\0&0&1\end{bmatrix}P^{-1}\\&=\frac{1}{2}\begin{bmatrix}0&1&0\\1&0&1\\1&0&-1\end{bmatrix}\begin{bmatrix}-1&0&0\\0&1&0\\0&0&1\end{bmatrix}\begin{bmatrix}0&1&1\\2&0&0\\0&1&-1\end{bmatrix}\\&=\begin{bmatrix}1&0&0\\0&0&-1\\0&-1&0\end{bmatrix}\end{aligned}$$

例 5.22 已知二次型 $f(x_1, x_2, x_3)=2x_1^2+2x_2^2+ax_3^2-2x_1x_2+6x_1x_3-6x_2x_3$ 的秩为 2，求参数 a 的值，并将此二次型化为标准型.

解 首先作出二次型的矩阵

$$A=\begin{bmatrix}2&-1&3\\-1&2&-3\\3&-3&a\end{bmatrix},$$

由于二次型的秩为2，所以

$$\det(A)=\begin{vmatrix}2 & -1 & 3\\ -1 & 2 & -3\\ 3 & -3 & a\end{vmatrix}=\begin{vmatrix}-1 & 2 & -3\\ 0 & 3 & -3\\ 0 & 3 & a-9\end{vmatrix}=0$$

所以 $a=6$，因此

$$f(x_1,x_2,x_3)=2x_1^2+2x_2^2+6x_3^2-2x_1x_2+6x_1x_3-6x_2x_3,$$

因为 $f(x_1,x_2,x_3)$ 与 $2f(x_1,x_2,x_3)$ 有相同的标准形，所以可以对后者配方：

$$\begin{aligned}2f(x_1,x_2,x_3)&=4x_1^2+4x_2^2+12x_3^2-4x_1x_2+12x_1x_3-12x_2x_3\\&=(4x_1^2-4x_1x_2+12x_1x_3+x_2^2+9x_3^2-6x_2x_3)+3x_2^2+3x_3^2-6x_2x_3\\&=(2x_1-x_2+3x_3)^2+3(x_2-x_3)^2\end{aligned}$$

令

$$\begin{cases}y_1=2x_1-x_2+3x_3\\ y_2=x_2-x_3\\ y_3=x_3\end{cases}$$

则 $f(y_1,y_2,y_3)=y_1^2+3y_2^2$.

例5.23　对二次型 $f(x)=2x_1^2+x_2^2-4x_1x_2-4x_2x_3$ 分别作下列三个可逆线性替换 $x=Py$，求新二次型 $g(y)$：

$$(1)P=\begin{bmatrix}1 & 1 & -2\\ 0 & 1 & -2\\ 0 & 0 & 1\end{bmatrix};\ (2)P=\begin{bmatrix}\frac{1}{\sqrt{2}} & 1 & -1\\ 0 & 1 & -1\\ 0 & 0 & \frac{1}{2}\end{bmatrix};\ (3)P=\begin{bmatrix}1 & -1 & 0\\ 0 & 1 & 2\\ 0 & 0 & 1\end{bmatrix}.$$

解

(1)将

$$\begin{cases}x_1=y_1+y_2-2y_3\\ x_2=y_2-2y_3\\ x_3=y_3\end{cases}$$

代入 $f(x)$ 得

$$f(x)=2x_1^2+x_2^2-4x_1x_2-4x_2x_3$$

$$2^+(y_2-2y_3)^2-4(y_1+y_2-2y_3)(y_2-2y_3)-4(y_2-2y_3)y_3$$

整理，得

$$g(y)=2y_1^2-y_2^2+4y_3^2;$$

(2)将

$$\begin{cases}x_1=\frac{1}{\sqrt{2}}y_1+y_2-y_3\\ x_2=y_2-y_3\\ x_3=\frac{1}{2}y_3\end{cases}$$

代入$f(x)$得

$$f(x)=2x_1^2+x_2^2-4x_1x_2-4x_2x_3$$

$$2^{+}(y_2-y_3)^2-4\left(\frac{1}{\sqrt{2}}y_1+y_2-y_3\right)(y_2-y_3)-2(y_2-y_3)y_3$$

整理，得

$$g(y)=y_1^2-y_2^2+y_3^2;$$

(3)将

$$\begin{cases}x_1=y_1-y_2\\ x_2=y_2+2y_3\\ x_3=y_3\end{cases}$$

代入$f(x)$得

$$f(x)=2x_1^2+x_2^2-4x_1x_2-4x_2x_3$$

$$2^{+}(y_2+2y_3)^2-4(y_1-y_2)(y_2+2y_3)-4(y_2+2y_3)y_3$$

整理，得

$$g(y)=2y_1^2+7y_2^2-4y_3^2-8y_1y_2-8y_1y_3+8y_2y_3;$$

例 5.24 已知二次型$f(x_1, x_2, x_3)=2x_1^2+3x_2^2+3x_3^2+2ax_2x_3\ (a>0)$，通过正交变换化为标准型$f(y_1, y_2, y_3)=y_1^2+2y_2^2+5y_3^2$，求$a$的值及所作的正交变换矩阵.

解 由题易得二次型对应的矩阵为

$$A=\begin{bmatrix}2&0&0\\0&3&a\\0&a&3\end{bmatrix},$$

由二次型的标准形易得A的特征值等于1，2，5，所以有

$|A| = 18 - 2a^2 = 1 \times 2 \times 5 = 10$,

因此 $a = 2$，所以

$$A = \begin{bmatrix} 2 & 0 & 0 \\ 0 & 3 & 2 \\ 0 & 2 & 3 \end{bmatrix}.$$

下面求对应于各特征值的单位特征向量：

由于

$$(\lambda E - A)x = \begin{bmatrix} \lambda - 2 & 0 & 0 \\ 0 & \lambda - 3 & -2 \\ 0 & -2 & \lambda - 3 \end{bmatrix} \begin{bmatrix} x_1 \\ x_2 \\ x_3 \end{bmatrix} = 0$$

当 $\lambda_1 = 1$ 时，解线性方程组

$$\begin{bmatrix} -1 & 0 & 0 \\ 0 & -2 & -2 \\ 0 & -2 & -2 \end{bmatrix} \begin{bmatrix} x_1 \\ x_2 \\ x_3 \end{bmatrix} = 0$$

得 $p_1' = \begin{bmatrix} 0 \\ 1 \\ -1 \end{bmatrix}$，单位化得 $p_1 = \begin{bmatrix} 0 \\ \frac{1}{\sqrt{2}} \\ \frac{-1}{\sqrt{2}} \end{bmatrix}$，

当 $\lambda_2 = 2$ 时，解线性方程组

$$\begin{bmatrix} 0 & 0 & 0 \\ 0 & -1 & -2 \\ 0 & -2 & -1 \end{bmatrix} \begin{bmatrix} x_1 \\ x_2 \\ x_3 \end{bmatrix} = 0$$

得 $p_2' = \begin{bmatrix} 1 \\ 0 \\ 0 \end{bmatrix}$，单位化得 $p_2 = \begin{bmatrix} 1 \\ 0 \\ 0 \end{bmatrix}$，

当 $\lambda_3 = 5$ 时，解线性方程组

$$\begin{bmatrix} 3 & 0 & 0 \\ 0 & 2 & -2 \\ 0 & -2 & 2 \end{bmatrix} \begin{bmatrix} x_1 \\ x_2 \\ x_3 \end{bmatrix} = 0$$

得 $p_3' = \begin{bmatrix} 0 \\ 1 \\ 1 \end{bmatrix}$，单位化得 $p_2 = \begin{bmatrix} 0 \\ \frac{1}{\sqrt{2}} \\ \frac{1}{\sqrt{2}} \end{bmatrix}$，

所以要求的正交变换矩阵

$$P = \begin{bmatrix} 0 & 1 & 0 \\ \frac{1}{\sqrt{2}} & 0 & \frac{1}{\sqrt{2}} \\ -\frac{1}{\sqrt{2}} & 0 & \frac{1}{\sqrt{2}} \end{bmatrix}$$

例 5.25　已知二次型矩阵的特征多项式，判断它们的正定性：

(1) $(\lambda-1)^3$；2) $(2\lambda+1)(\lambda-7)(\lambda-1)$；(3) $(\lambda+2)^3$；

(4) $(6\lambda-5)(\lambda^2-\lambda)$；(5) $\lambda^3+2\lambda^2+\lambda$.

解

(1)全部特征值大于0，二次型正定；

(2)特征值有正有负，二次型不定；

(3)全部特征值小于0，二次型负定；

(4)特征值大于0与等于0，二次型半正定

(5)由于 $\lambda^3+2\lambda^2+\lambda=\lambda(\lambda^2+2\lambda+1)=\lambda(\lambda+1)^2$，其全部特征值小于0或等于0，二次型半负定.

例 5.26　试确定参数 t 的取值范围，使二次型

$$f(x_1, x_2, x_3)=x_1^2+x_2^2+5x_3^2+2tx_1x_2-2x_1x_3+4x_2x_3$$

为正定二次型.

解　由题易得二次型对应的矩阵为

$$A=\begin{bmatrix} 1 & t & -1 \\ t & 1 & 2 \\ -1 & 2 & 5 \end{bmatrix},$$

又，2 阶顺序主子式为

$$\begin{vmatrix} 1 & t \\ t & 1 \end{vmatrix}=1-t^2,$$

令 2 阶顺序主子式大于 0，得到 $|t|<1$，

3 阶顺序主子式为

$$\begin{vmatrix} 1 & t & -1 \\ t & 1 & 2 \\ -1 & 2 & 5 \end{vmatrix} = -t(5t+4)$$

令 3 阶顺序主子式大于 0，即 $t(5t+4)<0$，得到 $-\dfrac{4}{5}<t<0$，

综上即得，当且仅当 $-\dfrac{4}{5}<t<0$ 时，f 为正定二次型.

习题五

1. 设 $\alpha=(1, 2, -1, 1)^T$, $\beta=(2, 3, 1, -1)^T$, $\gamma=(-1, -1, -2, 2)^T$, 求：

(1) α, β, γ 的模长；(2) $(\alpha+\beta, \beta)$, (α, γ), (β, γ)；(3) 与 α, β, γ 同时正交的向量.

2. 利用施密特正交化方法，化下列向量组为单位化正交向量组：

(1) $\alpha_1=(1, 1, 1)^T$, $\alpha_2=(1, 2, 3)^T$, $\alpha_3=(1, 4, 9)^T$；

(2) $\alpha_1=(0, 1, -1)^T$, $\alpha_2=(1, 0, 0)^T$, $\alpha_3=(1, 1, 1)^T$.

3. 判断下列矩阵是否为正交矩阵：

(1) $A=\begin{bmatrix} 1 & -\frac{1}{2} & \frac{1}{3} \\ -\frac{1}{2} & 1 & \frac{1}{2} \\ \frac{1}{3} & \frac{1}{2} & -1 \end{bmatrix}$；

(2) $A=\begin{bmatrix} a & b & c & d \\ -b & a & -d & c \\ -c & d & a & -b \\ -d & -c & b & a \end{bmatrix}$，其中 $a^2+b^2+c^2+d^2=1$.

4. 设 A, B 都是 n 阶正交阵，证明：AB 也是正交阵.

5. 求下列矩阵的特征值和特征向量：

(1) $\begin{bmatrix} 3 & 2 \\ -1 & 0 \end{bmatrix}$；(2) $\begin{bmatrix} -2 & -1 \\ 5 & 2 \end{bmatrix}$；

(3) $\begin{bmatrix} 0 & 0 & -2 \\ 1 & 2 & 1 \\ 1 & 0 & 3 \end{bmatrix}$；(4) $\begin{bmatrix} -2 & 1 & 1 \\ 0 & 2 & 0 \\ -4 & 1 & 3 \end{bmatrix}$.

6. 设矩阵 $A=\begin{bmatrix} 4 & 6 & 0 \\ -3 & -5 & 0 \\ -3 & -6 & 1 \end{bmatrix}$ 的一个特征向量为 $X=\begin{bmatrix} -1 \\ 1 \\ k \end{bmatrix}$，求 k 及该特征向量对应的特征值.

7. 已知矩阵 $A=\begin{bmatrix}2 & a & 2\\5 & b & 3\\-1 & 0 & -2\end{bmatrix}$ 的特征值为 -1，-1，-1，试求 a，b 及 A 的特征向量.

8. 设 $A=\begin{bmatrix}0 & 0 & -2\\1 & 2 & 1\\1 & 0 & 3\end{bmatrix}$，求 A^7 的特征值及特征向量.

9. 判别矩阵

$$\begin{bmatrix}2 & -1 & 2\\5 & -3 & 3\\-1 & 0 & -2\end{bmatrix}$$

是否能对角化?

10. 求正交矩阵 Q，使 $Q^{\mathrm{T}}AQ$ 为对角阵，其中

(1) $A=\begin{bmatrix}2 & -2 & 0\\-2 & 1 & -2\\0 & -2 & 0\end{bmatrix}$；(2) $A=\begin{bmatrix}1 & 2 & 2\\2 & 1 & 2\\2 & 2 & 1\end{bmatrix}$.

11. 设矩阵 A 与 B 相似，$A=\begin{bmatrix}1 & -1 & 1\\2 & 4 & -2\\-3 & -3 & a\end{bmatrix}$，$B=\begin{bmatrix}2 & 0 & 0\\0 & 2 & 0\\0 & 0 & b\end{bmatrix}$，

(1) 求 a，b 的值；(2) 求可逆矩阵 P，使 $P^{-1}AP=B$.

12. 已知三阶实对称矩阵 A 的特征值是 1，1，-2，其对应于 -2 的特征向量是 $\alpha_3=(1,\ -1,\ -1)^{\mathrm{T}}$，求矩阵 A.

13. 用矩阵表示下列二次型或写出下列矩阵对应的二次型：

(1) $A=\begin{bmatrix}1 & 0 & 2\\0 & 2 & 1\\2 & 1 & 3\end{bmatrix}$；(2) $f=2x_1^2+x_2^2-4x_1x_2+4x_2x_3$；(3) $f=-4x_1x_2+2x_1x_3+2x_2x_3$

14. 已知二次型 $f(x_1,\ x_2,\ x_3)=5x_1^2+5x_2^2+cx_3^2+2x_1x_2+6x_1x_3-6x_2x_3$ 的秩为 2，求参数 c.

15. 用正交变换化下列二次型为标准形，并求出相应的正交变换：

(1) $f=2x_1^2+5x_2^2+5x_3^2+4x_1x_2-4x_1x_3-8x_2x_3$；(2) $f=2x_1^2+3x_2^2+3x_3^2+4x_2x_3$.

16. 判断下列二次型是否正定：

(1) $f=-2x_1^2-6x_2^2-4x_3^2+2x_1x_2+2x_2x_3$；

(2) $f=2x_1^2+2x_2^2+x_3^2+2x_1x_2+2x_1x_3+2x_2x_3$.

17. t 取何值时，下列二次型是正定的：

(1) $f=x_1^2+x_2^2+5x_3^2+2tx_1x_2-2x_1x_3+4x_2x_3$；

(2) $f=x_1^2+4x_2^2+x_3^2+2tx_1x_2+10x_1x_3+6x_2x_3$.

本章归纳总结

- 特征值与二次型
  - 向量的内积
    - 概念 $[x, y]=x^{T}y=\sum_{i=1}^{n}x_iy_i$
    - 性质：对称性，非负性，线性性
    - 正交的概念：$[x, y]=0$
    - 施密特正交化
    - 正交矩阵
      - 概念：$A^{T}A=AA^{T}=E$
      - 性质：$|A|=\pm1$，$A^{-1}=A^{T}$，A^{-1}、A^{T}、AB 也为正交矩阵
  - 特征值与特征向量
    - 概念：若 $Ax=\lambda x$，$x\neq0$，则 λ 为特征值，x 为对应于 λ 的特征值
    - 性质
    - 求法
      - 特征值
        - 定义法
        - 特征多项式 $|\lambda E-A|$ 法
      - 特征多项式
        - 定义法
        - 基础解系法 $(\lambda E-A)x=0$
  - 相似矩阵
    - 概念：$B=P^{-1}AP$
    - 性质：自反性，对称性，传递性
    - 矩阵相似对角化的充分必要条件
  - 二次型
    - 标准二次型
      - 惯性定理
      - 化二次型为标准形
        - 配方法
        - 正交变换法
    - 正定二次型
      - 定义：$\forall X\neq0$，$f=X^{T}AX>0$
      - 二次型为正定二次型的充分必要条件

第六章 线性空间与线性变换

线性空间和线性变换是线性代数中的重要概念，它们是代数学理论研究与应用的重要基础. 本章主要介绍线性空间与线性变换的定义、性质以及与它们相关的重要概念.

内容提要	线性空间的定义与性质，维数、基与坐标，基变换与坐标变换，线性变换
基本要求	1. 了解线性空间、线性子空间的概念及性质； 2. 知道线性空间的基、维数和坐标的概念； 3. 了解过渡矩阵、坐标变换的概念； 4. 了解线性变换的定义和性质，了解线性变换矩阵的定义
重点难点	重点：线性空间、线性子空间的证明，线性空间坐标的求法，过渡矩阵与线性变换的矩阵的求法. 难点：过渡矩阵与线性变换的矩阵的求法

第一节　线性空间的定义与性质

定义 6.1　设 V 是任一非空集合，R 是实数域. 在 V 中定义加法运算：对任意两个元素 $\alpha, \beta \in V$，总存在唯一的一个元素 $\gamma \in V$ 与它们对应，γ 称为 α 与 β 的和，记作 $\gamma = \alpha + \beta$；在 V 中定义数量乘法运算：对任一数 $\lambda \in R$ 和任一元素 $\alpha \in V$，总存在唯一的一个元素 $\delta \in V$ 与它们对应，δ 称为 λ 与 α 的数量乘积，记作 $\delta = \lambda\alpha$. 若对于任意 $\alpha, \beta, \gamma \in V$，$\lambda, \mu \in R$，定义的加法运算与数量乘法运算满足下列八条运算法则：

(1) $\alpha + \beta = \beta + \alpha$；

(2) $(\alpha+\beta)+\gamma=\alpha+(\beta+\gamma)$

(3) 在 V 中存在零元素 0：对任意 $\alpha\in V$，都有 $\alpha+0=\alpha$；

(4) 对任意 $\alpha\in V$，都有 α 的负元素 $-\alpha\in V$，使得 $\alpha+(-\alpha)=0$；

(5) $1\alpha=\alpha$；

(6) $\lambda(\mu\alpha)=(\lambda\mu)\alpha$；

(7) $(\lambda+\mu)\alpha=\lambda\alpha+\mu\alpha$；

(8) $\lambda(\alpha+\beta)=\lambda\alpha+\lambda\beta$.

则非空集合 V 称为实数域 R 上的线性空间，所定义的加法运算和数乘运算称为线性运算.

线性空间中的元素也称为向量，线性空间有时也称为向量空间.

线性空间 V 的性质：

(1) 线性空间 V 中的零元素是唯一的；

(2) 线性空间 V 中任意元素 α 的负元素是唯一的；

(3) 对任意 $\alpha\in V$，$\lambda\in R$，$0\alpha=0$，$\lambda 0=0$，$(-1)\alpha=-\alpha$；

(4) 对于 $\alpha\in V$，$\lambda\in R$，若 $\lambda\alpha=0$，则 $\lambda=0$ 或者 $\alpha=0$.

利用负元素可以在线性空间 V 中定义减法运算：设对任意 α，$\beta\in V$，定义 α，β 的减法运算为

$$\alpha-\beta=\alpha+(-\beta)$$

例 6.1　容易验证全体 n 维实向量集合 R^n 对于以前定义在上面的加法和数量乘法是一个线性空间. 它的零元素唯一为零向量，负元素也是唯一的，且容易证明它满足其余两条性质.

例 6.2　$V_1=\{(1,x_2,x_3,\cdots,x_n)\mid x_i\in R,i=2,3,\cdots,n\}$对于 R^n 上面的加法和数量乘法不是一个线性空间. 因为

$$2(1,x_2,x_3,\cdots,x_n)=(2,2x_2,2x_3,\cdots,2x_n)\notin V_1$$

所以 V_1 对数量乘法不封闭，因而不是线性空间.

检验一个集合是否构成线性空间不能只验证封闭性，还要仔细验证定义中的八条运算规则. 尤其当定义的加法和数乘运算不是普通的加法和数乘时.

例 6.3　设 R^+ 是全体正实数的集合. 任意 a，$b\in R^+$，$\lambda\in R$，定义

R^+ 中的加法运算：$a\oplus b=ab$；

R^+ 中的数乘运算：$\lambda\circ a=a^\lambda$；

证明 R^+ 是实数域 R 上的线性空间.

证 要证明 R^+ 是实数域 R 上的线性空间, 对于任意 $a, b, c\in R^+$, $\lambda, \mu\in R$ 需要验证如下十条:

(a) 对加法运算的封闭性: 由于任意 $a, b\in R^+$, 显然有 $a\oplus b=ab\in R^+$;

(b) 对数乘运算的封闭性: 由于任意 $a\in R^+$, $\lambda\in R$, 显然有 $\lambda a=a^\lambda\in R^+$;

(1) $a\oplus b=ab=ba=b\oplus a$;

(2) $(a\oplus b)\oplus c=(ab)\oplus c=(ab)c=a(bc)=a\oplus(bc)=a\oplus(b\oplus c)$;

(3) R^+ 存在零元素 1, 对于任意 $a\in R^+$, 有 $a\oplus 1=a\cdot 1=a$;

(4) 对于任意 $a\in R^+$, 有负元素 $\frac{1}{a}\in R^+$, 使 $a\oplus\frac{1}{a}=1$;

(5) $1\circ a=a^1=a$;

(6) $\lambda\circ(\mu\circ a)=\lambda\circ a^\mu=(a^\mu)^\lambda=a^{\lambda\mu}=(\lambda\mu)\circ a$;

(7) $(\lambda+\mu)\circ a=a^{(\lambda+\mu)}=a^\lambda a^\mu=a^\lambda\oplus a^\mu=\lambda\circ a\oplus\mu\circ a$;

(8) $\lambda\circ(a\oplus b)=\lambda\circ ab=(ab)^\lambda=a^\lambda b^\lambda=a^\lambda\oplus b^\lambda=\lambda\circ a\oplus\lambda\circ b$.

由上面十条易得: R^+ 是实数域 R 上的线性空间.

定义 6.2 设 V 是线性空间, L 是 V 的一个非空子集, 如果 L 对于 V 中所定义的加法和数乘这两种运算也构成一个线性空间, 则 L 称为是 V 的线性子空间.

注意 由于 L 是 V 的一部分, 所以 L 上的运算对于运算法则的(1), (2), (5) ~ (8), 显然成立, 所以 L 成为是 V 的线性子空间只需运算的封闭性和法则(3), (4)即可. 又由线性空间的性质知, 若 L 对于 V 中线性运算封闭, 则法则(3), (4)自然成立, 所以有:

定理 6.1 设 V 是线性空间, L 是 V 的一个非空子集, L 对于 V 中所定义的加法和数乘这两种运算构成线性子空间的充分必要条件是 L 对于 V 中线性运算封闭.

例 6.4 容易验证集合 $V_1=\{(0, x_2, x_3, \cdots, x_n)\mid x_i\in R, i=2, 3, \cdots, n\}$ 是一个线性空间. 由于集合 V_1 是线性空间 R^n 的子集, 所以只需验证它对 R^n 中的加法和数乘运算封闭即可. 由于对任意

$$a=(0, a_2, a_3, \cdots, a_n), b=(0, b_2, b_3, \cdots, b_n)\in V_1,$$

$$a+b=(0, a_2+b_2, a_3+b_3, \cdots, a_n+b_n)\in V_1$$

对任意 $\lambda\in R$,

$$\lambda a=(0, \lambda a_2, \lambda a_3, \cdots, \lambda a_n)\in V_1$$

所以 V_1 对 R^n 中的加法和数乘运算封闭，因而它是一个线性空间，也是向量空间 R^n 的线性子空间.

第二节　维数、基与坐标

定义 6.3　设 V 是线性空间，若存在 n 个元素 $\alpha_1, \alpha_2, \cdots, \alpha_n$，满足

(1) $\alpha_1, \alpha_2, \cdots, \alpha_n$ 线性无关；

(2) V 中的任意一个元素 α 都可由 $\alpha_1, \alpha_2, \cdots, \alpha_n$ 线性表示.

则称 $\alpha_1, \alpha_2, \cdots, \alpha_n$ 为线性空间 V 的一组基，称 n 为线性空间 V 的维数，记为 $\dim V = n$，并称线性空间 V 为 n 维向量空间，记为 V^n.

只含一个零元素的线性空间没有基，我们规定其维数为零.

若把向量空间看成向量组，则向量空间的基就是向量组的一个极大线性无关组，向量空间的维数就是向量组的秩. 因此，一个向量空间的基可能不唯一，但是维数是唯一确定的.

例 6.5　设 $\alpha = [1 \quad 0 \quad 0 \quad -1]$，$\beta = [1 \quad 1 \quad 0 \quad 0]$，则容易验证：

$L(\alpha, \beta) = \{\lambda_1\alpha + \lambda_2\beta \mid \lambda_1, \lambda_2 \in R\}$是一个向量空间. α, β 是向量空间 $L(\alpha, \beta)$的一组基，这是由于 α, β 线性无关，$L(\alpha, \beta)$中的任意一个向量都可由 α, β 线性表示，所以 $\dim L(\alpha, \beta) = 2$. 需要注意的是，$L(\alpha, \beta)$是一个 2 维向量空间，但 $L(\alpha, \beta)$的元素是 4 维向量，所以向量空间的维数和向量的维数不同. 另外 $L(\alpha, \beta)$的基不是唯一的，易知$\frac{1}{2}\alpha, \beta$ 也是 $L(\alpha, \beta)$的一组基，但 $L(\alpha, \beta)$的维数不变.

对于 n 维向量空间 V^n，若 $\alpha_1, \alpha_2, \cdots, \alpha_n$ 为它的一组基，则 V^n 可表示为

$$V^n = \{\alpha = x_1\alpha_1 + x_2\alpha_2 + \cdots + x_n\alpha_n \mid x_1, x_2, \cdots, x_n \in R\}$$

即 V^n 是由基向量 $\alpha_1, \alpha_2, \cdots, \alpha_n$ 生成的向量空间，则对任意 $\alpha \in V^n$，都有一组有序数 $x_1, x_2, \cdots, x_n \in R$

$$\alpha = x_1\alpha_1 + x_2\alpha_2 + \cdots + x_n\alpha_n$$

且这组数唯一. 反之任给一组有序数 $x_1, x_2, \cdots, x_n \in R$，都有唯一元素

$$\alpha = x_1\alpha_1 + x_2\alpha_2 + \cdots + x_n\alpha_n \in V^n,$$

可以看到 V^n 的元素 α 与有序数组$[x_1 \quad x_2 \quad \cdots \quad x_n]$之间存在一一对应关系，所以可以用这个有序数组代表 α.

定义 6.4 设$\alpha_1, \alpha_2, \cdots, \alpha_n$是$n$维向量空间$V^n$的一组基，则对任意$\alpha \in V^n$，都有唯一一组有序数$x_1, x_2, \cdots, x_n \in R$使

$$\alpha = x_1\alpha_1 + x_2\alpha_2 + \cdots + x_n\alpha_n,$$

$x_1, x_2, \cdots, x_n$称为元素α在基$\alpha_1, \alpha_2, \cdots, \alpha_n$下的坐标，记为$(x_1, x_2, \cdots, x_n)$.

例 6.6 在R^3中，求向量$\alpha = (1, 2, 1)$，在基$\alpha_1 = (1, 1, 1)$，$\alpha_2 = (1, 1, -1)$，$\alpha_3 = (1, -1, -1)$下的坐标.

解 设$\alpha = x_1\alpha_1 + x_2\alpha_2 + x_3\alpha_3$，则$\alpha_1^{\mathrm{T}}x_1^{\mathrm{T}} + \alpha_2^{\mathrm{T}}x_2^{\mathrm{T}} + \alpha_3^{\mathrm{T}}x_3^{\mathrm{T}} = \alpha^{\mathrm{T}}$即

$$\begin{bmatrix} 1 & 1 & 1 \\ 1 & 1 & -1 \\ 1 & -1 & -1 \end{bmatrix}\begin{bmatrix} x_1 \\ x_2 \\ x_3 \end{bmatrix} = \begin{bmatrix} 1 \\ 2 \\ 1 \end{bmatrix}$$

解之即得$x_1 = 1$，$x_2 = \frac{1}{2}$，$x_3 = -\frac{1}{2}$，所以α在基$\alpha_1, \alpha_2, \alpha_3$下的坐标为$\left(1, \frac{1}{2}, -\frac{1}{2}\right)$.

例 6.7 在R^n中，容易验证n个单位正交向量：

$$e_1 = (1, 0, \cdots, 0),\ e_2 = (0, 1, \cdots, 0),\ \cdots,\ e_n = (0, 0, \cdots, 1)$$

是R^n的一组基，称之为标准基. 对于任意$x = (x_1, x_2, \cdots, x_n) \in R^n$，

$$x = x_1e_1 + x_2e_2 + \cdots + x_ne_n$$

所以$(x_1, x_2, \cdots, x_n)$就是x在标准基下的坐标.

易见例6.6中的向量$\alpha = (1, 2, 1)$在标准基下的坐标为$(1, 2, 1)$，所以同一向量在不同基下的坐标是不同的.

第三节 坐标变换

一般来说，一个向量空间可以有很多基，同一向量在不同基下的坐标是不同的. 下面讨论同一向量在不同基下坐标之间的关系.

既然向量空间中的每个元素都可由基线性表示，那么向量空间的两组不同基中的每组基都可由另外一组基线性表出，下面定义过渡矩阵.

定义 6.5 设$\alpha_1, \alpha_2, \cdots, \alpha_n$和$\beta_1, \beta_2, \cdots, \beta_n$是$n$维向量空间$V^n$中的两组基，且

$$\beta_1 = p_{11}\alpha_1 + p_{21}\alpha_2 + \cdots + p_{n1}\alpha_n$$
$$\beta_2 = p_{12}\alpha_1 + p_{22}\alpha_2 + \cdots + p_{n2}\alpha_n$$
$$\vdots$$
$$\beta_n = p_{1n}\alpha_1 + p_{2n}\alpha_2 + \cdots + p_{nn}\alpha_n$$

上式称为由基 $\alpha_1, \alpha_2, \cdots, \alpha_n$ 到基 $\beta_1, \beta_2, \cdots, \beta_n$ 的基变换公式. 令

$$P = \begin{bmatrix} p_{11} & p_{12} & \cdots & p_{1n} \\ p_{21} & p_{22} & \cdots & p_{2n} \\ \cdots & \cdots & \cdots & \cdots \\ p_{n1} & p_{n2} & \cdots & p_{nn} \end{bmatrix}$$

则基变换公式可用矩阵形式表示为

$$[\beta_1, \beta_2, \cdots\beta_n] = [\alpha_1, \alpha_2, \cdots, \alpha_n]\begin{bmatrix} p_{11} & p_{12} & \cdots & p_{1n} \\ p_{21} & p_{22} & \cdots & p_{2n} \\ \cdots & \cdots & \cdots & \cdots \\ p_{n1} & p_{n2} & \cdots & p_{nn} \end{bmatrix} = [\alpha_1, \alpha_2, \cdots, \alpha_n]P$$

矩阵 P 称为由基 $\alpha_1, \alpha_2, \cdots, \alpha_n$ 到基 $\beta_1, \beta_2, \cdots, \beta_n$ 的过渡矩阵.

由于基中 n 个向量是线性无关的，所以可以证明过渡矩阵是可逆的，且若由基 $\alpha_1, \alpha_2, \cdots, \alpha_n$ 到基 $\beta_1, \beta_2, \cdots, \beta_n$ 的过渡矩阵为 P，则由基 $\beta_1, \beta_2, \cdots, \beta_n$ 到基 $\alpha_1, \alpha_2, \cdots, \alpha_n$ 的过渡矩阵为 P^{-1}.

下面给出同一向量在不同基下的坐标变换公式.

定理 6.2　设 α 为 n 维向量空间 V^n 的任意向量，α 在基 $\alpha_1, \alpha_2, \cdots, \alpha_n$ 下的坐标为 $(x_1, x_2, \cdots, x_n)^{\mathrm{T}}$，在基 $\beta_1, \beta_2, \cdots, \beta_n$ 下的坐标为 $(y_1, y_2, \cdots, y_n)^{\mathrm{T}}$. 若由基 $\alpha_1, \alpha_2, \cdots, \alpha_n$ 到基 $\beta_1, \beta_2, \cdots, \beta_n$ 的过渡矩阵为 $P = (p_{ij})_{n\times n}$，则有坐标变换公式

$$\begin{bmatrix} x_1 \\ x_2 \\ \vdots \\ x_n \end{bmatrix} = P\begin{bmatrix} y_1 \\ y_2 \\ \vdots \\ y_n \end{bmatrix}, \text{或}\begin{bmatrix} y_1 \\ y_2 \\ \vdots \\ y_n \end{bmatrix} = P^{-1}\begin{bmatrix} x_1 \\ x_2 \\ \vdots \\ x_n \end{bmatrix}$$

证明　因为

$$[\alpha_1, \alpha_2, \cdots, \alpha_n]\begin{bmatrix} x_1 \\ x_2 \\ \vdots \\ x_n \end{bmatrix} = \alpha = [\beta_1, \beta_2, \cdots, \beta_n]\begin{bmatrix} y_1 \\ y_2 \\ \vdots \\ y_n \end{bmatrix}$$

又因为

$$[\beta_1, \beta_2, \cdots, \beta_n] = [\alpha_1, \alpha_2, \cdots, \alpha_n]P$$

所以

$$\alpha = [\beta_1, \beta_2, \cdots, \beta_n]\begin{bmatrix} y_1 \\ y_2 \\ \vdots \\ y_n \end{bmatrix} = [\alpha_1, \alpha_2, \cdots, \alpha_n]P\begin{bmatrix} y_1 \\ y_2 \\ \vdots \\ y_n \end{bmatrix}$$

或

$$\alpha = [\alpha_1, \alpha_2, \cdots, \alpha_n]\begin{bmatrix} x_1 \\ x_2 \\ \vdots \\ x_n \end{bmatrix} = [\beta_1, \beta_2, \cdots, \beta_n]P^{-1}\begin{bmatrix} x_1 \\ x_2 \\ \vdots \\ x_n \end{bmatrix}$$

由此即得坐标变换公式.

例 6.8 设实数域上的三维线性空间 V^3 中有两个基 $\alpha_1, \alpha_2, \alpha_3$ 和 $\beta_1, \beta_2, \beta_3$，且由基 $\alpha_1, \alpha_2, \alpha_3$ 到基 $\beta_1, \beta_2, \beta_3$ 的基变换公式为

$$\beta_1 = \alpha_1 + 3\alpha_2 - 5\alpha_3$$
$$\beta_2 = \alpha_2 + 2\alpha_3$$
$$\beta_3 = \alpha_3$$

(1)求过渡矩阵;

(2)求坐标变换公式;

(3)向量 α 在基 $\alpha_1, \alpha_2, \alpha_3$ 下的坐标为$(1, -2, 3)^T$，求向量 α 在基 $\beta_1, \beta_2, \beta_3$ 下的坐标.

解 (1)由题易得：由基 $\alpha_1, \alpha_2, \alpha_3$ 到基 $\beta_1, \beta_2, \beta_3$ 的过渡矩阵为

$$P = \begin{bmatrix} 1 & 0 & 0 \\ 3 & 1 & 0 \\ -5 & 2 & 1 \end{bmatrix}$$

(2)由于

$$P^{-1} = \begin{bmatrix} 1 & 0 & 0 \\ -3 & 1 & 0 \\ 11 & -2 & 1 \end{bmatrix}$$

所以坐标变换公式为

$$\begin{bmatrix} x_1 \\ x_2 \\ x_3 \end{bmatrix} = \begin{bmatrix} 1 & 0 & 0 \\ 3 & 1 & 0 \\ -5 & 2 & 1 \end{bmatrix} \begin{bmatrix} y_1 \\ y_2 \\ y_3 \end{bmatrix}$$

或

$$\begin{bmatrix} y_1 \\ y_2 \\ y_3 \end{bmatrix} = \begin{bmatrix} 1 & 0 & 0 \\ -3 & 1 & 0 \\ 11 & -2 & 1 \end{bmatrix} \begin{bmatrix} x_1 \\ x_2 \\ x_3 \end{bmatrix}$$

其中$(x_1, x_2, x_3)^T$是向量α在基$\alpha_1, \alpha_2, \alpha_3$下的坐标，$(y_1, y_2, y_3)^T$是向量$\alpha$在基$\beta_1, \beta_2, \beta_3$下的坐标.

(3)将向量α在基$\alpha_1, \alpha_2, \alpha_3$下的坐标$(1, -2, 3)^T$代入坐标变换公式的第二个式子即得向量$\alpha$在基$\beta_1, \beta_2, \beta_3$下的坐标为$(1, -5, 18)^T$.

第四节　线性变换

定义 6.6　设V为线性空间，若有对应规则T使得对于V中的每一个元素α，总有唯一确定的元素$\alpha' \in V$与之对应，记作

$$T: \alpha \to \alpha' = T(\alpha) \in V$$

则称对应规则T为线性空间V到其自身的变换，简称线性空间V上的变换. α'称为α的像，α称为α'的原像.

定义 6.7　设T为线性空间V上的变换，如果对于任意的$\alpha, \beta \in V$，$\lambda \in R$，有

(1)$T(\alpha + \beta) = T\alpha + T\beta$;

(2)$T(\lambda\alpha) = \lambda T(\alpha)$.

则称T为线性空间V上的线性变换.

易证，使V中任意元素都与零元素对应的变换是一个线性变换，称为零变换，即

$$0: \alpha \to 0 = 0(\alpha);$$

使V中任意元素都与自身对应的变换也是一个线性变换，称为恒等变换或单位变换，即

$$\varepsilon: \alpha \to \alpha = \varepsilon(\alpha).$$

线性变换具有下述性质：

(1)$T(0) = 0$；$T(-\alpha) = -T\alpha$;

(2)若 $\beta=\lambda_1\alpha_1+\lambda_2\alpha_2+\cdots+\lambda_m\alpha_m$，则

$$T\beta=\lambda_1 T\alpha_1+\lambda_2 T\alpha_2+\cdots+\lambda_m T\alpha_m;$$

(3)若 α_1，α_2，…，α_m 线性相关，则 $T\alpha_1$，$T\alpha_2$，…，$T\alpha_m$ 也线性相关；

(4)使 $T\alpha=0$ 的 α 全体，即

$$N=\{\alpha\in V\mid T\alpha=0\}$$

是 V 的子空间，称为 T 的核空间.

(5)集合

$$W=\{T\alpha\mid\alpha\in V\}$$

是 V 的子空间，称为 T 的像空间.

注意 性质(3)的逆命题不成立，即若 α_1，α_2，…，α_m 线性无关，则 $T\alpha_1$，$T\alpha_2$，…，$T\alpha_m$ 也线性无关不成立，特别地，当 T 为零变换时，结论自然不成立.

定义 6.8 线性变换 T 的像空间 W 的维数称为线性变换 T 的秩.

显然，若 T 的秩为 r，则 T 的核空间的维数为 $n-r$.

例 6.9 设 T 为线性空间 V 上的变换，$\lambda\in R$，则定义

$$T: \alpha\to\lambda\alpha,\ \alpha\in V$$

易证，这是一个线性变换，称为由数 λ 决定的数乘变换. 显然，当 $\lambda=1$ 时，此变换为恒等变换；当 $\lambda=0$ 时，此变换为零变换.

设 T 为线性空间 V^n 上的变换，α_1，α_2，…，α_n 为 V^n 的一组基，则由于 $T\alpha\in V$，所以 $T\alpha$ 在基下有一组坐标，下面讨论它与 α 在基下的坐标之间的关系.

定理 6.3 设 α_1，α_2，…，α_n 是线性空间的一组基，β_1，β_2，…，β_n 是 V 中任意 n 个向量，则有且仅有一个 V 上的线性变换 T 使得

$$T\alpha_i=\beta_i(i=1,2,\cdots,n)$$

定义 6.9 设 T 是线性空间 V^n 中的线性变换，在 V^n 中取定一组基 α_1，α_2，…，α_n，如果这组基在线性变换下的像为

$$\begin{gathered}T\alpha_1=a_{11}\alpha_1+a_{21}\alpha_2+\cdots+a_{n1}\alpha_n\\T\alpha_2=a_{12}\alpha_1+a_{22}\alpha_2+\cdots+a_{n2}\alpha_n\\\vdots\\T\alpha_n=a_{1n}\alpha_1+a_{2n}\alpha_2+\cdots+a_{nn}\alpha_n\end{gathered}$$

令

$$A=\begin{bmatrix} a_{11} & a_{12} & \cdots & a_{1n} \\ a_{21} & a_{22} & \cdots & a_{2n} \\ \cdots & \cdots & \cdots & \cdots \\ a_{n1} & a_{n2} & \cdots & a_{nn} \end{bmatrix}$$

则

$$\begin{aligned}[T\alpha_1 \quad T\alpha_2 \quad \cdots \quad T\alpha_n] &= [\alpha_1 \quad \alpha_2 \quad \cdots \quad \alpha_n]\begin{bmatrix} a_{11} & a_{12} & \cdots & a_{1n} \\ a_{21} & a_{22} & \cdots & a_{2n} \\ \cdots & \cdots & \cdots & \cdots \\ a_{n1} & a_{n2} & \cdots & a_{nn} \end{bmatrix} \\ &= [\alpha_1 \quad \alpha_2 \quad \cdots \quad \alpha_n]A\end{aligned}$$

称矩阵 A 为线性变换 T 在基 α_1, α_2, …, α_n 下的矩阵.

显然，在给定的基下，线性变换 T 的矩阵是唯一确定的；反之，由定理 6.3 知，在给定的基下，一个实数矩阵唯一决定一个线性变换. 由此得到：

定理 6.4　设 α_1, α_2, …, α_n 是线性空间 V^n 的一组基，则 V^n 上的线性变换和它在基 α_1, α_2, …, α_n 下的矩阵是一一对应的.

定理 6.5　设 α_1, α_2, …, α_n 是线性空间 V^n 的一组基，T 是 V^n 上的线性变换，它在基 α_1, α_2, …, α_n 下的矩阵为 $A=(a_{ij})_{n\times n}$，若 V 中任意向量 α 与它的像 $T\alpha$ 在基 α_1, α_2, …, α_n 下的坐标分别为 $X=(x_1, x_2, \cdots, x_n)^{\mathrm{T}}$ 与 $Y=(y_1, y_2, \cdots, y_n)^{\mathrm{T}}$，则 $Y=AX$.

证明　由题，T 为线性变换，$\alpha=x_1\alpha_1+x_2\alpha_2+\cdots+x_n\alpha_n$，所以

$$\begin{aligned}T\alpha &= x_1T\alpha_1+x_2T\alpha_2+\cdots+x_nT\alpha_n=[T\alpha_1 \quad T\alpha_2 \quad \cdots \quad T\alpha_n]\begin{bmatrix} x_1 \\ x_2 \\ \vdots \\ x_n \end{bmatrix} \\ &= [\alpha_1 \quad \alpha_2 \quad \cdots \quad \alpha_n]A\begin{bmatrix} x_1 \\ x_2 \\ \vdots \\ x_n \end{bmatrix}\end{aligned}$$

又

$$T\alpha = y_1\alpha_1 + y_2\alpha_2 + \cdots + y_n\alpha_n = [\alpha_1 \quad \alpha_2 \quad \cdots \quad \alpha_n]\begin{bmatrix} y_1 \\ y_2 \\ \vdots \\ y_n \end{bmatrix}$$

由于在基 α_1, α_2, …, α_n 下坐标的唯一性，得

$$\begin{bmatrix} y_1 \\ y_2 \\ \vdots \\ y_n \end{bmatrix} = A\begin{bmatrix} x_1 \\ x_2 \\ \vdots \\ x_n \end{bmatrix}$$

即 $Y = AX$.

例 6.10 在线性空间 $P[x]_3$ 上，D 是求导数的线性变换.

(1)试求 D 在基 1, x, x^2, x^3 下的矩阵;

(2)设 $\alpha = 3x^3 + x^2 - 2x + 2 \in P[x]_3$，试求 $D\alpha$ 在第一问基下的坐标;

(3)试求 D 在基 1, x, $\frac{x^2}{2!}$, $\frac{x^3}{3!}$下的矩阵.

解 (1)由于

$$D(1) = 0 = 0 \times 1 + 0 \cdot x + 0 \cdot x^2 + 0 \cdot x^3$$

$$D(x) = 1 = 1 \times 1 + 0 \cdot x + 0 \cdot x^2 + 0 \cdot x^3$$

$$D(x^2) = 2x = 0 \times 1 + 2 \cdot x + 0 \cdot x^2 + 0 \cdot x^3$$

$$D(x^3) = 3x^2 = 0 \times 1 + 0 \cdot x + 3 \cdot x^2 + 0 \cdot x^3$$

所以 D 在基 1, x, x^2, x^3 下的矩阵为

$$A = \begin{bmatrix} 0 & 1 & 0 & 0 \\ 0 & 0 & 2 & 0 \\ 0 & 0 & 0 & 3 \\ 0 & 0 & 0 & 0 \end{bmatrix}$$

(2)由题易得 α 在第一问基下的坐标为 $X = [2 \quad -2 \quad 1 \quad 3]^{\mathrm{T}}$，所以由定理易得

$D\alpha$ 在第一问基下的坐标

$$\begin{bmatrix} y_1 \\ y_2 \\ y_3 \\ y_4 \end{bmatrix} = \begin{bmatrix} 0 & 1 & 0 & 0 \\ 0 & 0 & 2 & 0 \\ 0 & 0 & 0 & 3 \\ 0 & 0 & 0 & 0 \end{bmatrix}\begin{bmatrix} 2 \\ -2 \\ 1 \\ 3 \end{bmatrix} = \begin{bmatrix} -2 \\ 2 \\ 9 \\ 0 \end{bmatrix}.$$

事实上，$D\alpha=9x^2+2x-2$，显然它在第一问基下的坐标如上式.

(3)由于

$$D(1)=0=0\times1+0\cdot x+0\cdot\frac{x^2}{2!}+0\cdot\frac{x^3}{3!}$$

$$D(x)=1=1\times1+0\cdot x+0\cdot\frac{x^2}{2!}+0\cdot\frac{x^3}{3!}$$

$$D\left(\frac{x^2}{2!}\right)=2x=0\times1+1\cdot x+0\cdot\frac{x^2}{2!}+0\cdot\frac{x^3}{3!}$$

$$D\left(\frac{x^3}{3!}\right)=3x^2=0\times1+0\cdot x+1\cdot\frac{x^2}{2!}+0\cdot\frac{x^3}{3!}$$

所以 D 在基 1，x，$\frac{x^2}{2!}$，$\frac{x^3}{3!}$下的矩阵

$$B=\begin{bmatrix}0&1&0&0\\0&0&1&0\\0&0&0&1\\0&0&0&0\end{bmatrix}$$

由上例可以看出，线性变换的矩阵与线性空间的基有关，基同一个线性变换在不同基下的矩阵一般不同. 下面介绍它们之间的关系.

定理 6.6　设线性空间上的变换 T 在两个基 α_1，α_2，…，α_n，β_1，β_2，…，β_n 下的矩阵分别为 $A=(a_{ij})$ 和 $B=(a_{ij})$，并且由基 α_1，α_2，…，α_n 到基 β_1，β_2，…，β_n 的过渡矩阵为 $P=(p_{ij})$，则

$$B=P^{-1}AP$$

证明　由条件得

$$T(\alpha_1,\alpha_2,\cdots,\alpha_n)=(\alpha_1,\alpha_2,\cdots,\alpha_n)A$$

$$T(\beta_1,\beta_2,\cdots,\beta_n)=(\beta_1,\beta_2,\cdots,\beta_n)B$$

$$(\beta_1,\beta_2,\cdots,\beta_n)=(\alpha_1,\alpha_2,\cdots,\alpha_n)P$$

$$(\alpha_1,\alpha_2,\cdots,\alpha_n)=(\beta_1,\beta_2,\cdots,\beta_n)P^{-1}$$

所以

$$\begin{aligned}(\beta_1,\beta_2,\cdots,\beta_n)B&=T(\beta_1,\beta_2,\cdots,\beta_n)=T[(\alpha_1,\alpha_2,\cdots,\alpha_n)P]\\&=T(\alpha_1,\alpha_2,\cdots,\alpha_n)P=(\alpha_1,\alpha_2,\cdots,\alpha_n)AP\\&=(\beta_1,\beta_2,\cdots,\beta_n)P^{-1}AP\end{aligned}$$

由于线性变换在同一个基下的矩阵是唯一的，所以 $B=P^{-1}AP$.

例 6.11 设 α_1, α_2, α_3 是三维空间 V^3 的一组基，线性变换 T 在基下的矩阵为

$$A=\begin{bmatrix}1&2&3\\-1&0&3\\2&1&5\end{bmatrix}$$

求线性变换 T 在基 $\beta_1=\alpha_1$, $\beta_2=\alpha_1+\alpha_2$; $\beta_3=\alpha_1+\alpha_2+\alpha_3$ 下的矩阵 B.

解 由于

$$(\beta_1,\beta_2,\beta_3)=(\alpha_1,\alpha_2,\alpha_3)\begin{bmatrix}1&1&1\\0&1&1\\0&0&1\end{bmatrix}$$

所以由基 α_1, α_2, α_3 到基 β_1, β_2, β_3 的过渡矩阵

$$P=\begin{bmatrix}1&1&1\\0&1&1\\0&0&1\end{bmatrix}$$

又

$$P^{-1}=\begin{bmatrix}1&-1&0\\0&1&-1\\0&0&1\end{bmatrix}$$

所以由定理 6.6，线性变换 T 在基 β_1, β_2, β_3 下的矩阵

$$B=P^{-1}AP=\begin{bmatrix}1&-1&0\\0&1&-1\\0&0&1\end{bmatrix}\begin{bmatrix}1&2&3\\-1&0&3\\2&1&5\end{bmatrix}\begin{bmatrix}1&1&1\\0&1&1\\0&0&1\end{bmatrix}$$

$$=\begin{bmatrix}2&4&4\\-3&-4&-6\\2&3&8\end{bmatrix}$$

第五节 典型例题分析

例 6.12 n 维单位向量 e_1, e_2, $\cdots$, e_n 为

$$e_1=(1,0,\cdots,0)$$
$$e_2=(0,1,\cdots,0)$$
$$\vdots$$
$$e_n=(0,0,\cdots,1)$$

则 $L(e_1, e_2, \cdots, e_n) \triangleq \{k_1e_1 + k_2e_2 + \cdots + k_ne_n \mid k_i \in R, i = 1, 2, \cdots, n\} = R^n$.

证明　任取向量 $k_1e_1 + k_2e_2 + \cdots + k_ne_n \in L(e_1, e_2, \cdots, e_n)$,

则 $k_1e_1 + k_2e_2 + \cdots + k_ne_n = (k_1, k_2, \cdots, k_n) \in R^n$, 故 $L(e_1, e_2, \cdots, e_n) \subset R^n$;

反之, 任取向量 $(x_1, x_2, \cdots, x_n) \in R^n$,

则 $(x_1, x_2, \cdots, x_n) = x_1e_1 + x_2e_2 + \cdots + x_ne_n \in L(e_1, e_2, \cdots, e_n)$,

故 $R^n \subset L(e_1, e_2, \cdots, e_n)$;

综上即得, $L(e_1, e_2, \cdots, e_n) = R^n$.

例 6.13　向量集合 $V = \{(x_1, x_2, \cdots, x_n) \mid x_1, x_2, \cdots, x_n \in R$, 且 $x_3 = x_1 + x_2\}$, 问 V 是否为向量空间? 若是, 求 V 的一组基及维数.

解　任取 $\alpha = (x_1, x_2, \cdots, x_n) \in V$, $\beta = (y_1, y_2, \cdots, y_n) \in V$

则 $x_3 = x_1 + x_2$, $y_3 = y_1 + y_2$, 故 $\alpha + \beta = (x_1 + y_1, x_2 + y_2, \cdots, x_n + y_n)$满足

$(x_1 + y_1) + (x_2 + y_2) = (x_1 + x_2) + (y_1 + y_2) = x_3 + y_3$, 故 $\alpha + \beta \in V$,

又 $k\alpha = (kx_1, kx_2, \cdots, kx_n) \in V$, 故 V 是一个向量空间.

又

$$\begin{aligned}\alpha &= (x_1, x_2, x_1 + x_2, x_4, \cdots, x_n) \\ &- x_1(1, 0, 1, 0, \cdots, 0) + x_2(0, 1, 1, 0, \cdots, 0) \\ &+ x_4(0, 0, 0, 1, \cdots, 0) + \cdots + x_n(0, 0, 0, 0, \cdots, 1)\end{aligned}$$

从而向量空间 V 的维数为 $n-1$, 且基为

$\alpha_1 = (1, 0, 1, 0, \cdots, 0)$, $\alpha_2 = (0, 1, 1, 0, \cdots, 0)$,

$\alpha_3 = (0, 0, 0, 1, \cdots, 0)$, $\cdots$, $\alpha_n = (0, 0, 0, 0, \cdots, 1)$.

例 6.14　已知 R^3 中的两组基为

$$\alpha_1 = \begin{bmatrix} 0 \\ -1 \\ 1 \end{bmatrix}, \alpha_2 = \begin{bmatrix} 2 \\ 2 \\ 5 \end{bmatrix}, \alpha_3 = \begin{bmatrix} 2 \\ 0 \\ 7 \end{bmatrix},$$

和

$$\beta_1 = \begin{bmatrix} 1 \\ 0 \\ 1 \end{bmatrix}, \beta_2 = \begin{bmatrix} 0 \\ 2 \\ 3 \end{bmatrix}, \beta_3 = \begin{bmatrix} 1 \\ -1 \\ 2 \end{bmatrix}$$

求由基 $\beta_1, \beta_2, \beta_3$ 到基 $\alpha_1, \alpha_2, \alpha_3$ 的过渡矩阵 R.

解 设$(\alpha_1, \alpha_2, \alpha_3)=(\beta_1, \beta_2, \beta_3)R$，即

$$\begin{bmatrix}0 & 2 & 2\\-1 & 2 & 0\\1 & 5 & 7\end{bmatrix}=\begin{bmatrix}1 & 0 & 1\\0 & 2 & -1\\1 & 3 & 2\end{bmatrix}R$$

故

$$R=\begin{bmatrix}1 & 0 & 1\\0 & 2 & -1\\1 & 3 & 2\end{bmatrix}^{-1}\begin{bmatrix}0 & 2 & 2\\-1 & 2 & 0\\1 & 5 & 7\end{bmatrix}$$

$$=\begin{bmatrix}\frac{7}{5} & \frac{3}{5} & -\frac{2}{5}\\-\frac{1}{5} & \frac{1}{5} & \frac{1}{5}\\-\frac{2}{5} & -\frac{3}{5} & \frac{2}{5}\end{bmatrix}\begin{bmatrix}0 & 2 & 2\\-1 & 2 & 0\\1 & 5 & 7\end{bmatrix}$$

$$=\begin{bmatrix}-1 & 2 & 0\\0 & 1 & 1\\1 & 0 & 2\end{bmatrix}$$

例 6.15 设 V_2 中的线性变换 T 在基 α_1，α_2 下的矩阵为

$$A=\begin{bmatrix}a_{11} & a_{12}\\a_{21} & a_{22}\end{bmatrix},$$

求 T 在基 α_2，α_1 下的矩阵.

解 由题易得

$$(\alpha_2, \alpha_1)=(\alpha_1, \alpha_2)\begin{bmatrix}0 & 1\\1 & 0\end{bmatrix},$$

即

$$P=\begin{bmatrix}0 & 1\\1 & 0\end{bmatrix}, \text{求得 } P^{-1}=\begin{bmatrix}0 & 1\\1 & 0\end{bmatrix},$$

于是 T 在基(α_2, α_1)下的矩阵为

$$B=\begin{bmatrix}0 & 1\\1 & 0\end{bmatrix}\begin{bmatrix}a_{11} & a_{12}\\a_{21} & a_{22}\end{bmatrix}\begin{bmatrix}0 & 1\\1 & 0\end{bmatrix}$$

$$=\begin{bmatrix}a_{21} & a_{22}\\a_{11} & a_{12}\end{bmatrix}\begin{bmatrix}0 & 1\\1 & 0\end{bmatrix}=\begin{bmatrix}a_{22} & a_{21}\\a_{12} & a_{11}\end{bmatrix}$$

习题六

1. 判断下列各集合关于指定运算是否构成实数域 $\boldsymbol{R}$ 上的线性空间.

(1)主对角线上的元素之和等于 0 的二阶实矩阵全体关于通常的矩阵加法和数与矩阵的乘积运算；

$V=\{\alpha=(a, a, 0)^{\mathrm{T}} \mid a \in R\}$关于通常的向量加法和数与向量的乘法运算.

2. 在线性空间 R^3 的下列子集 W 中，哪些是 R^3 的子空间？

(1) $W=\{\alpha=(a_1, a_2, 0)^{\mathrm{T}} \mid a_1, a_2 \in R\}$；

(2) $W=\{\alpha=(2a_1, 4a_1, a_2)^{\mathrm{T}} \mid a_1, a_2 \in R\}$；

(3) $W=\{\alpha=(a_1, a_2, a_3)^{\mathrm{T}} \mid a_1-a_2+a_3=0, a_1, a_2, a_3 \in R\}$；

(4) $W=\{\alpha=(a_1, a_2, a_3)^{\mathrm{T}} \mid a_1+a_2=1, a_1, a_2, a_3 \in R\}$.

3. 证明 $\alpha_1=(2, 1, -3)^{\mathrm{T}}$，$\alpha_2=(3, 2, -5)^{\mathrm{T}}$，$\alpha_3=(1, -1, 1)^{\mathrm{T}}$ 为 R^3 的一组基，并求向量 $\alpha=(6, 2, -7)^{\mathrm{T}}$ 在这组基下的坐标.

4. 设线性空间 R^3 有两个基：$\alpha_1=(1, 2, 1)^{\mathrm{T}}$，$\alpha_2=(2, 3, 3)^{\mathrm{T}}$，$\alpha_3=(3, 7, 1)^{\mathrm{T}}$ 和 $\beta_1=(3, 1, 4)^{\mathrm{T}}$，$\beta_2=(5, 2, 1)^{\mathrm{T}}$，$\beta_3=(1, 1, -6)^{\mathrm{T}}$，$R^3$ 中向量 α 在两组基下的坐标分别为 $(x_1, x_2, x_3)^{\mathrm{T}}$ 和 $(y_1, y_2, y_3)^{\mathrm{T}}$. 求坐标 $(x_1, x_2, x_3)^{\mathrm{T}}$ 和坐标 $(y_1, y_2, y_3)^{\mathrm{T}}$ 之间的关系.

5. 判断：

(1) $W=\{\alpha=(a_1, a_2, \cdots, a_n)^{\mathrm{T}} \mid a_1a_2\cdots a_n=0, \alpha \in R^n\}$是否为线性空间 R^n 的子空间；

(2) n 阶实对称矩阵全体 $R_t^{n\times n}$ 是否为线性空间 $R^{n\times n}$的子空间；

(3)次数不超过 n 的整系数多项式 $P[x]_q$ 是否为线性空间 $P[x]_n$ 的子空间；

(4)区间$[a, b]$上满足 $f(a)=f(b)$的全体连续实函数 $C[a, b]_e$ 是否为线性空间 $C[a, b]$的子空间.

6. 在 R^3 上定义变换

$$\sigma: \begin{bmatrix} x \\ y \\ z \end{bmatrix} \to \begin{bmatrix} x-y \\ y-z \\ z-x \end{bmatrix} = \sigma\left(\begin{bmatrix} x \\ y \\ z \end{bmatrix}\right) \begin{bmatrix} x \\ y \\ z \end{bmatrix} \in R^3$$

(1)证明 σ 是线性变换；

(2)求 σ 在 R^3 的基 $e_1=\begin{bmatrix}1\\0\\0\end{bmatrix}$, $e_2=\begin{bmatrix}0\\1\\0\end{bmatrix}$, $e_3=\begin{bmatrix}0\\0\\1\end{bmatrix}$下的矩阵 A.

7. 已知 R^3 上线性变换 σ 在基 $\alpha_1=\begin{bmatrix}-1\\1\\1\end{bmatrix}$, $\alpha_2=\begin{bmatrix}1\\0\\-1\end{bmatrix}$, $\alpha_3=\begin{bmatrix}0\\1\\1\end{bmatrix}$下的矩阵

$$A=\begin{bmatrix}1&0&1\\1&1&0\\-1&2&1\end{bmatrix},$$

求 σ 在基 $e_1=\begin{bmatrix}1\\0\\0\end{bmatrix}$, $e_2=\begin{bmatrix}0\\1\\0\end{bmatrix}$, $e_3=\begin{bmatrix}0\\0\\1\end{bmatrix}$下的矩阵 B.

本章归纳总结

线性空间与线性变换

- 线性空间
  - 定义：满足八条性质，即：(1) $\alpha+\beta=\beta+\alpha$；
    (2) $(\alpha+\beta)+\gamma=\alpha+(\beta+\gamma)$；
    (3) $\forall\alpha\in V$，$\alpha+0=\alpha$；
    (4) $\forall\alpha\in V$，有 $-\alpha\in V$，使 $\alpha+(-\alpha)=0$；
    (5) $1\alpha=\alpha$；
    (6) $\lambda(\mu\alpha)=(\lambda\mu)\alpha$；
    (7) $(\lambda+\mu)\alpha=\lambda\alpha+\mu\alpha$；
    (8) $\lambda(\alpha+\beta)=\lambda\alpha+\lambda\beta$；的集合 V
  - 性质：零元素唯一，负元素唯一，
    $\forall\alpha\in V$，$\lambda\in R$，$0\alpha=0$，$\lambda 0=0$，$(-1)\alpha=-\alpha$
    若 $\lambda\alpha=0$，则 $\lambda=0$ 或者 $\alpha=0$
  - 子空间定义：对加法和数乘这两种运算封闭
- 维数、基与坐标
  - 概念：α_1，α_2，…，α_n 满足：(1)线性无关，
    (2) $\forall\alpha\in V$，α 可由 α_1，α_2，…，α_n 线性表示，
    则，维数为 n，基为 α_1，α_2，…，α_n，$\forall\alpha\in V$，
    α 的坐标为 α 在基下线性表示的系数构成的有序数组；
  - 过渡矩阵：$[\alpha_1,\alpha_2,\cdots,\alpha_n]$，$[\beta_1,\beta_2,\cdots,\beta_n]$为基，
    $P\in R^{n\times n}$满足$[\beta_1,\beta_2,\cdots,\beta_n]=[\alpha_1,\alpha_2,\cdots,\alpha_n]P$；
  - 坐标变换公式：$\forall\alpha\in V^n$，α 在基下的坐标为
    $(x_1,x_2,\cdots,x_n)^{\mathrm{T}}$，在 β_1，β_2，…，β_n 下的坐标为
    $(y_1,y_2,\cdots,y_n)^{\mathrm{T}}$，基 α_1，α_2，…，α_n 到基 β_1，β_2，
    …，β_n 的过渡矩阵为 $P=(p_{ij})_{n\times n}$，则
    $(x_1,x_2,\cdots,x_n)^{\mathrm{T}}=(y_1,y_2,\cdots,y_n)^{\mathrm{T}}P^{\mathrm{T}}$，

线性空间与线性变换
- 线性变换
  - 定义：满足 $T(\alpha+\beta)=T\alpha+T\beta$，$T(\lambda\alpha)=\lambda T(\alpha)$ 的变换；
  - 性质：(1) $T(0)=0$；$T(-\alpha)=-T\alpha$，
    (2) 若 $\beta=\lambda_1\alpha_1+\lambda_2\alpha_2+\cdots+\lambda_m\alpha_m$，
    则 $T\beta=\lambda_1T\alpha_1+\lambda_2T\alpha_2+\cdots+\lambda_mT\alpha_m$，
    (3) 若 $\alpha_1, \alpha_2, \cdots, \alpha_m$ 线性相关，
    则 $T\alpha_1, T\alpha_2, \cdots, T\alpha_m$ 也线性相关；
- 线性变换矩阵

模拟试题一

一、填空题：

1. 设$\alpha_1=(2, -1, 0, 5)$，$\alpha_2=(-4, -2, 3, 0)$，$\alpha_3=(-1, 0, 1, k)$，$\alpha_4=(-1, 0, 2, 1)$，则$k=$________时，α_1，α_2，α_3，α_4线性相关.

2. 设A为3×3矩阵，$|A|=-2$，把A按行分块为$A=\begin{bmatrix}A_1\\A_2\\A_3\end{bmatrix}$，其中$A_j(j=1, 2, 3)$是$A$的第$j$行，则行列式$\begin{vmatrix}A_3-2A_1\\3A_2\\A_1\end{vmatrix}=$________.

3. 设n阶矩阵A满足$A^2+2A+3E=0$，则$A^{-1}=$________.

4. 设α_1，α_2，$\cdots\alpha_s$是非齐次线性方程组$Ax=b$的解，若$C_1\alpha_1+C_2\alpha_2+\cdots+C_s\alpha_s$也是$Ax=b$的一个解，则$C_1+C_2+\cdots+C_s=$________.

5. 三阶方阵A的特征值为1，-1，2，则$B=2A^3-3A^2$的特征值为________.

6. 当________时，实二次型$f(x_1, x_2, x_3)=x_1^2+x_2^2+5x_3^2+2tx_1x_2-2x_1x_3+4x_2x_3$是正定的.

二、选择题：

7. 设A、B为同阶可逆矩阵，则

A. $AB=BA$

B. 存在可逆矩阵P，使$P^{-1}AP=B$

C. 存在可逆矩阵C，使$C^{T}AC=B$

D. 存在可逆矩阵 P 和 Q，使 $PAQ=B$

8. 设 n 维向量 $\alpha=(\frac{1}{2}, 0, \cdots, 0, \frac{1}{2})$，矩阵 $A=E-\alpha^{T}\alpha$，$B=E+2\alpha^{T}\alpha$ 其中 E 为 n 阶单位矩阵，则 $AB=$

A. 0　　B. $-E$　　C. E　　D. $E+\alpha^{T}\alpha$

9. 设向量组（Ⅰ）：$\alpha_1=(a_{11}, a_{21}, a_{31})^{T}$，$\alpha_2=(a_{12}, a_{22}, a_{32})^{T}$，$\alpha_3=(a_{13}, a_{23}, a_{33})^{T}$，向量组（Ⅱ）：$\beta_1=(a_{11}, a_{21}, a_{31}, a_{41})^{T}$，$\beta_2=(a_{12}, a_{22}, a_{32}, a_{42})^{T}$，$\beta_3=(a_{13}, a_{23}, a_{33}, a_{43})^{T}$，

则

A.（Ⅰ）相关⇒（Ⅱ）相关　　B.（Ⅰ）无关⇒（Ⅱ）无关

C.（Ⅱ）无关⇒（Ⅰ）无关　　B.（Ⅰ）无关⇔（Ⅱ）无关

10. 要使 $\xi_1=(1, 0, 1)^{T}$，$\xi_2=(-2, 0, 1)^{T}$ 都是线性方程组 $Ax=0$ 的解，只要系数矩阵 A 为

A. $\begin{bmatrix}1 & 2 & 3\\3 & 1 & 2\\2 & 1 & 1\end{bmatrix}$　　B. $\begin{bmatrix}-1 & 2 & 1\\1 & 1 & 2\end{bmatrix}$

C. $\begin{bmatrix}0 & 1 & 0\\0 & 2 & 0\\3 & 2 & 1\end{bmatrix}$　　D. $\begin{bmatrix}0 & -1 & 0\\0 & 2 & 0\end{bmatrix}$

11. 设 A 为 $m\times n$ 矩阵，B 为 $n\times m$ 矩阵，则线性方程组 $(AB)x=0$

A. 当 $n>m$ 时仅有零解.

B. 当 $n>m$ 时必有非零解.

C. 当 $m>n$ 时仅有零解.

D. 当 $m>n$ 时必有非零解.

12. 设 λ_0 是 n 阶矩阵 A 的特征值，且齐次线性方程组 $(\lambda_0E-A)x=0$ 的基础解系为 η_1 和 η_2，则 A 的属于 λ_0 的全部特征向量是

A. η_1 和 η_2

B. η_1 或 η_2

C. $C_1\eta_1+C_2\eta_2$（C_1，C_2 为任意常数）

D. $C_1\eta_1+C_2\eta_2$（C_1，C_2 为不全为零的任意常数）

三、解答题：

13. 设$|A| = \begin{vmatrix} 1 & -5 & 1 & 3 \\ 1 & 1 & 3 & 4 \\ 1 & 1 & 2 & 3 \\ 2 & 2 & 3 & 4 \end{vmatrix}$

计算 $A_{41} + A_{42} + A_{43} + A_{44}$，其中 $A_{4j}(j=1, 2, 3, 4)$是$|A|$中元素 a_{4j}的代数余子式.

14. 用配方法将下列二次型化为标准形

$f(x_1, x_2, \cdots, x_{2n}) = x_1x_{2n} + x_2x_{2n-1} + \cdots + x_nx_{n+1}$.

15. 知方程组$\begin{cases} x_1 + ax_2 + x_3 + x_4 = 2 \\ 2x_1 + x_2 + bx_3 + x_4 = 4 \\ 2x_1 + 2x_2 + 3x_3 + cx_4 = 1 \end{cases}$ 与 $\begin{cases} x_1 + x_2 + x_3 + x_4 = 1 \\ -x_2 + 2x_3 - x_4 = 2 \\ x_3 + 2x_4 = -1 \end{cases}$

同解，试确定 a，b，c.

16. 设$A = \begin{bmatrix} 3 & 1 & 0 \\ -1 & 2 & 1 \\ 3 & 4 & 2 \end{bmatrix}$，$B = \begin{bmatrix} 1 & -1 & 0 \\ 2 & -2 & 5 \\ 3 & 4 & 1 \end{bmatrix}$.

求：i. $AB - BA$　ii. $A^2 - B^2$　iii. B^TA^T

17. 设有线性方程组$\begin{cases} x_1 + 3x_2 + x_3 = 0 \\ 3x_1 + 2x_2 + 3x_3 = -1 \\ -x_1 + 4x_2 + mx_3 = k \end{cases}$，问 m，k 为何值时，方程组有唯一解？有无穷多组解？有无穷多组解时，求出一般解.

四、证明题：

18. 证明：奇数阶反对称矩阵的行列式为零.

19. 已知A，B是 n 阶方阵，且满足 $A^2 = A$，$B^2 = B$，与$(A - B)^2 = A + B$，试证：$AB = BA = 0$.

模拟试题二

一、填空题:

1. 设 a, b 为实数，则当 a = ________，且 b = ________ 时，$\begin{vmatrix} a & b & 0 \\ -b & a & 0 \\ -1 & 0 & -1 \end{vmatrix}=0$.

2. 设 $\alpha_1, \alpha_2, \alpha_3, \alpha, \beta$ 均为 4 维向量，$A=[\alpha_1, \alpha_2, \alpha_3, \alpha]$，$B=[\alpha_1, \alpha_2, \alpha_3, \beta]$，且 $|A|=2$，$|B|=3$，则 $|A-3B|=$ ________.

3. 设 $\alpha_1=(2,-1,3,0)$，$\alpha_2=(1,2,0,-2)$，$\alpha_3=(0,-5,3,4)$，$\alpha_4=(-1,3,t,0)$，则 $t=$ ________ 时，$\alpha_1, \alpha_2, \alpha_3, \alpha_4$ 线性相关.

4. 设 $Ax=b$，其中 $A=\begin{bmatrix} 1 & 2 & 3 \\ 0 & 1 & 2 \\ 2 & -1 & 1 \end{bmatrix}$，则使方程组有解的所有 b 是 ________.

5. 设 $A=\begin{bmatrix} -1 & 1 & 0 \\ -4 & 3 & 0 \\ 1 & 0 & 2 \end{bmatrix}$，$B=\begin{bmatrix} -1 & -4 & 1 \\ 1 & 3 & 0 \\ 0 & 0 & 2 \end{bmatrix}$ 且 A 的特征值为 2 和 1(二重)，那么 B 的特征值为 ________.

6. 矩阵 $A=\begin{bmatrix} 1 & 2 & 4 \\ 2 & 2 & -1 \\ 4 & -1 & 3 \end{bmatrix}$ 对应的二次型是 ________.

二、选择题:

7. 设 A、B 都是 n 阶可逆矩阵，则 $\left|-2\begin{bmatrix} A^{\mathrm{T}} & 0 \\ 0 & B^{-1} \end{bmatrix}\right|$ 等于

A. $(-2)^{2n}|A||B|^{-1}$　　B. $(-2)^{n}|A||B|^{-1}$

C. $-2|A^{\mathrm{T}}||B|$　　D. $-2|A||B|^{-1}$

8. 设 A、B 都是 n 阶非零矩阵，且 $AB=0$，则 A 和 B 的秩

A. 必有一个等于零　　B. 都小于 n

C. 一个小于 n，一个等于 n　　D. 都等于 n

9. 设 ξ_1，ξ_2，ξ_3 是 $Ax=0$ 的基础解系，则该方程组的基础解系还可以表成

A. ξ_1，ξ_2，ξ_3 的一个等阶向量组

B. ξ_1，ξ_2，ξ_3 的一个等秩向量组

C. ξ_1，$\xi_1+\xi_2$，$\xi_1+\xi_2+\xi_3$

D. $\xi_1-\xi_2$，$\xi_2-\xi_3$，$\xi_3-\xi_1$

10. 零为矩阵 A 的特征值是 A 为不可逆的

A. 充分条件　　B. 必要条件　　C. 充要条件　　D. 非充分、非必要条件

11. A，B 是 n 阶方阵，且 $A \sim B$，则

A. A，B 的特征矩阵相同

B. A，B 的特征方程相同

C. A，B 相似于同一个对角阵

D. 存在正交矩阵 T，使得 $T^{-1}AT=B$

12. 下列矩阵为正定的是

A. $\begin{bmatrix} 1 & 2 & 0 \\ 2 & 3 & 0 \\ 0 & 0 & 2 \end{bmatrix}$　　B. $\begin{bmatrix} 1 & 2 & 0 \\ 2 & 4 & 0 \\ 0 & 0 & 2 \end{bmatrix}$

C. $\begin{bmatrix} 1 & -2 & 0 \\ -2 & 5 & 0 \\ 0 & 0 & -2 \end{bmatrix}$　　D. $\begin{bmatrix} 2 & 0 & 0 \\ 0 & 1 & 2 \\ 0 & 2 & 5 \end{bmatrix}$

三、解答题：

13. k 取什么值时，$A=\begin{bmatrix}1&0&0\\0&k&0\\1&-1&1\end{bmatrix}$可逆，并求其逆.

14. 问λ为何值时，线性方程组$\begin{cases}x_1+x_3=\lambda\\4x_1+x_2+2x_3=\lambda+2\\6x_1+x_2+4x_3=2\lambda+3\end{cases}$有解，并求出解的一般形式.

15. 用正交变换将下列实二次型化为标准形

i. $f(x_1,x_2,x_3)=11x_1^2+5x_2^2+2x_3^2+16x_1x_2+4x_1x_3-20x_2x_3$

ii. $f(x_1,x_2,x_3)=x_1^2+x_2^2+x_3^2+4x_1x_2+4x_1x_3+4x_2x_3$

16. 设 $A=\begin{bmatrix}1&0&1\\0&2&0\\0&0&1\end{bmatrix}$，求$(A+3E)^{-1}(A^2-9E)$。

17. 设 $\lambda=1$ 是矩阵 $A=\begin{bmatrix}-3&-1&2\\0&-1&4\\t&0&1\end{bmatrix}$的特征值，

求：i. t 的值；ii. 对应于 $\lambda=1$ 的所有特征向量.

四、证明题：

18. 设 A, B, $A+B$ 为 n 阶正交矩阵，试证：$(A+B)^{-1}=A^{-1}+B^{-1}$.

19. 设 λ_1, λ_2 是方阵 A 的两个不同的特征值，η_1, …, η_r 是 A 的对应于 λ_1 的线性无关的特征向量，ξ_1, …, ξ_s 是 A 的对应于 λ_2 的线性无关的特征向量，证明 η_1, …, η_r, ξ_1, …, ξ_s 线性无关.

习题及模拟试题参考答案

习题一

1. (1) -1; (2) $ab(b-a)$

2. (1) 8; (2) $2x^3-6x^2+6$

3. $x=2, 3$

4. (1) 1; (2) $-2(x^3+y^3)$; (3) -500; (4) 160; (5) 40; 6) -9

5. (1) $a^{n-2}(a^2-1)$; (2) $(a-b)^n+nb(a-b)^{n-1}$

6. (1) 1. $x_1=3, x_2=4, x_3=5$; (2) $x_1=1, x_2=-2, x_3=0, x_4=\frac{1}{2}$

7. $k=2, 5, 8$

习题二

1. (1) $\begin{bmatrix} 5 & 8 \\ -6 & -2 \\ 3 & -5 \end{bmatrix}$; (2) $\begin{bmatrix} 1 & 2 & 3 \\ 1 & 6 & 0 \end{bmatrix}$; (3) $\begin{bmatrix} -3 & 3 \\ -6 & -1 \end{bmatrix}$; (4) $\begin{bmatrix} 2 & -2 \\ 2 & 1 \\ 1 & 2 \end{bmatrix}$.

2. (1) 4; $\begin{bmatrix} 6 & -3 \\ 4 & -2 \end{bmatrix}$; (2) $\begin{bmatrix} 4 & 5 & 7 \\ -7 & 4 & -3 \end{bmatrix}$; (3) $\begin{bmatrix} 7 \\ 5 \\ 3 \end{bmatrix}$;

(4) $a_{11}x_1^2+a_{22}x_2^2+a_{33}x_3^2+2a_{12}x_1x_2+2a_{13}x_1x_3+2a_{23}x_2x_3$.

3. (1) $(A+B)^2=A^2+AB+BA+B^2=A^2+2AB+B^2$;

(2) $(A+B)(A-B)=A^2-AB+BA-B^2=A^2-B^2$;

(3) $A^kB=A^{k-1}AB=A^{k-1}BA=\cdots=ABA^{k-1}=BAA^{k-1}=BA^k$.

4. (1) $(A+A^{\mathrm{T}})^{\mathrm{T}}=A^{\mathrm{T}}+(A^{\mathrm{T}})^{\mathrm{T}}=A^{\mathrm{T}}+A=A+A^{\mathrm{T}}$;

(2) $(AA^{\mathrm{T}})^{\mathrm{T}}=(A^{\mathrm{T}})^{\mathrm{T}}A^{\mathrm{T}}=AA^{\mathrm{T}}$.

5. (1) $\begin{bmatrix}3 & 1 & -2\\1 & -2 & -1\end{bmatrix}\begin{bmatrix}x_1\\x_2\\x_3\end{bmatrix}=\begin{bmatrix}1\\5\end{bmatrix}$; (2) $\begin{bmatrix}1 & 1 & -1\\1 & 2 & -2\\2 & -1 & 2\end{bmatrix}\begin{bmatrix}x_1\\x_2\\x_3\end{bmatrix}=\begin{bmatrix}4\\6\\1\end{bmatrix}$.

6. $A^*=\begin{bmatrix}-2 & 0 & 1\\0 & -3 & 4\\1 & 2 & -3\end{bmatrix}$, $AA^*=A^*A=\begin{bmatrix}1 & 0 & 0\\0 & 1 & 0\\0 & 0 & 1\end{bmatrix}$,

$A^{-1}=\begin{bmatrix}-2 & 0 & 1\\0 & -3 & 4\\1 & 2 & -3\end{bmatrix}$.

7. (1) $\begin{bmatrix}\cos\alpha & -\sin\alpha\\\sin\alpha & \cos\alpha\end{bmatrix}$; (2) $\begin{bmatrix}-2 & 1 & 0\\-6.5 & 3 & -0.5\\-16 & 7 & -1\end{bmatrix}$.

8. 由于

$(E-A)(E+A+A^2+\cdots+A^{k-1})=E+A+A^2+\cdots+A^{k-1}-A-A^2-\cdots-A^k$
$=E-A^k$

所以$(E-A)^{-1}=E+A+A^2+\cdots+A^{k-1}$

9. (1) $\begin{bmatrix}1 & 2\\3 & 4\end{bmatrix}$; (2) $\begin{bmatrix}6\\7\\-2\end{bmatrix}$.

10. (1) $\begin{bmatrix}2\\1\\-1\end{bmatrix}$; (2) $\begin{bmatrix}5\\0\\3\end{bmatrix}$.

11. (1) $\begin{bmatrix}0.75 & -0.25 & 0 & 0\\0.25 & 0.25 & 0 & 0\\0 & 0 & -0.5 & 0\\0 & 0 & 0 & 1\end{bmatrix}$;

(2) $\begin{bmatrix}4 & -3/2 & 0 & 0 & 0\\-1 & 1/2 & 0 & 0 & 0\\0 & 0 & -1/6 & -1/6 & 1/2\\0 & 0 & -2/3 & 1/3 & 0\\0 & 0 & 7/6 & 1/6 & -1/2\end{bmatrix}$.

12. (1)$\begin{bmatrix}23&20&0&0\\10&9&0&0\\0&0&50&14\\0&0&92&29\end{bmatrix}$; (2)$\begin{bmatrix}4&12&0&0\\-20&-4&0&0\\0&0&13&-10\\0&0&34&-13\end{bmatrix}$;

(3)$\begin{bmatrix}5&2&0&0\\2&1&0&0\\0&0&8&5\\0&0&3&12\end{bmatrix}$; (4)$\begin{bmatrix}1&-2&0&0\\-2&5&0&0\\0&0&4/27&-1/27\\0&0&-5/81&8/81\end{bmatrix}$.

13. (1)$\begin{bmatrix}625&0&0&0\\0&625&0&0\\0&0&16&0\\0&0&64&16\end{bmatrix}$; (2)$10^{16}$

习题三

1. (1)$(4, -2, 14)^{\mathrm{T}}$; (2)$(\frac{11}{2}, -2, \frac{1}{2})^{\mathrm{T}}$

2. (1)$\beta=2\alpha_1-\alpha_3+4\alpha_4$; (2)$\beta=\alpha_1-\alpha_2+4\alpha_3$

3. 证明略

4. (1)极大无关组: α_1, α_2, 且 $a_3=\frac{4}{3}a_1-\frac{1}{3}a_2$, $a_4=\frac{13}{3}a_1+\frac{2}{3}a_2$; (2) α_1, α_2, α_3. 且 $\alpha_4=2\alpha_2$.

5. (1)3; (2)3

6. $a=-1$, $b=2$

7. (1)$A^{-1}=\begin{pmatrix}-\frac{5}{2}&1&-\frac{1}{2}\\5&-1&1\\\frac{7}{2}&-1&\frac{1}{2}\end{pmatrix}$; (2)$A^{-1}=\begin{pmatrix}1&-4&-3\\1&-5&-3\\-1&6&4\end{pmatrix}$

8. $B=\begin{pmatrix}0&3&3\\-1&2&3\\1&1&0\end{pmatrix}$

习题四

1. (1) $\xi_1=\begin{pmatrix}3\\-4\\1\\0\end{pmatrix}$, $\xi_2=\begin{pmatrix}-4\\5\\0\\1\end{pmatrix}$; (2) $\xi_1=\begin{pmatrix}3\\-2\\1\\0\end{pmatrix}$, $\xi_2=\begin{pmatrix}-4\\3\\0\\1\end{pmatrix}$

2. (1) $X=k_1\begin{pmatrix}3\\2\\0\\0\end{pmatrix}+k_2\begin{pmatrix}1\\0\\22\\-16\end{pmatrix}+\begin{pmatrix}\frac{1}{2}\\0\\0\\0\end{pmatrix}$; (2) $\begin{pmatrix}x_1\\x_2\\x_3\\x_4\end{pmatrix}=c_1\begin{pmatrix}-9\\1\\0\\11\end{pmatrix}+c_2\begin{pmatrix}1\\-5\\11\\0\end{pmatrix}+\begin{pmatrix}-\frac{2}{11}\\\frac{10}{11}\\0\\0\end{pmatrix}$

3. $a=5$, $b=8$ 时线性方程组有解；方程组的通解为：$x=\eta+c_1\eta_1+c_2\eta_2$，$c_1$，$c_2$ 为任意常数，其中 $\eta=(1,-1,0,0)^{\mathrm{T}}$，$\eta_1=(0,1,1,0)^{\mathrm{T}}$，$\eta_2=(-2,1,0,3)^{\mathrm{T}}$.

习题五

1. (1) $\sqrt{7}$；$\sqrt{15}$；$\sqrt{10}$；(2) 21；1；-9；(3) $k_1(-5,3,1,0)^{\mathrm{T}}+k_2(5,-3,0,1)^{\mathrm{T}}$；

2. (1) $\eta_1=\frac{1}{\sqrt{3}}(1,1,1)^{\mathrm{T}}$, $\eta_2=\frac{1}{\sqrt{2}}(-1,0,1)^{\mathrm{T}}$, $\eta_3=\frac{1}{\sqrt{6}}(1,-2,1)^{\mathrm{T}}$；

(2) $\eta_1=\frac{1}{\sqrt{2}}(0,1,-1)^{\mathrm{T}}$, $\eta_2=(1,0,0)^{\mathrm{T}}$, $\eta_3=\frac{1}{\sqrt{2}}(0,1,1)^{\mathrm{T}}$.

3. (1)不是；(2)是.

4. 由于 $A^{\mathrm{T}}A=AA^{\mathrm{T}}=E$，$B^{\mathrm{T}}B=BB^{\mathrm{T}}=E$，所以

$(AB)^{\mathrm{T}}AB=B^{\mathrm{T}}A^{\mathrm{T}}AB=B^{\mathrm{T}}EB=B^{\mathrm{T}}B=E$,

所以 AB 也是正交阵.

5. (1) $\lambda_1=1$, $k_1\begin{bmatrix}1\\-1\end{bmatrix}$, $(k_1\neq0)$；$\lambda_2=2$, $k_2\begin{bmatrix}2\\-1\end{bmatrix}$, $(k_2\neq0)$；

(2) $\lambda_1=i$, $k_1\begin{bmatrix}1\\-2-i\end{bmatrix}$, $(k_1\neq0)$；$\lambda_2=-i$, $k_2\begin{bmatrix}1\\-2+i\end{bmatrix}$, $(k_2\neq0)$；

(3) $\lambda_1=1$, $k_1\begin{bmatrix}-2\\1\\1\end{bmatrix}$, $(k_1\neq0)$；$\lambda_2=\lambda_3=2$, $k_2\begin{bmatrix}-1\\0\\1\end{bmatrix}+k_3$

$\begin{bmatrix}0\\1\\0\end{bmatrix}$，($k_2$，$k_3$ 不全为零)；

(4) $\lambda_1=-1$，$k_1\begin{bmatrix}1\\0\\1\end{bmatrix}$，($k_1\neq0$)；$\lambda_2=\lambda_3=2$，$k_2\begin{bmatrix}0\\1\\-1\end{bmatrix}+k_3\begin{bmatrix}1\\0\\4\end{bmatrix}$，($k_2$，$k_3$ 不全为零).

6. $k=3$，$\lambda=-2$.

7. $a=-1$，$b=-3$，特征向量 $X=(-1,\ -1,\ 1)^{\mathrm{T}}$.

8. A^7 的特征值 $\lambda_1=1^7=1$；$\lambda_2=\lambda_3=2^7=128$；对应的特征向量分别为

$k_1\begin{bmatrix}-2\\1\\1\end{bmatrix}$，($k_1\neq0$)；$k_2\begin{bmatrix}-1\\0\\1\end{bmatrix}+k_3\begin{bmatrix}0\\1\\0\end{bmatrix}$，($k_2$，$k_3$ 不全为零)

9. 不能对角化.

10. (1) $\begin{bmatrix}1/3 & 2/3 & 2/3\\2/3 & 1/3 & -2/3\\2/3 & -2/3 & 1/3\end{bmatrix}$，$Q^{\mathrm{T}}AQ=\begin{bmatrix}-2 & 0 & 0\\0 & 1 & 0\\0 & 0 & 4\end{bmatrix}$；

(2) $\begin{bmatrix}1/\sqrt{3} & 1/\sqrt{2} & -1/\sqrt{6}\\1/\sqrt{3} & 0 & 2/\sqrt{6}\\1/\sqrt{3} & -1/\sqrt{2} & -1/\sqrt{6}\end{bmatrix}$，$Q^{\mathrm{T}}AQ=\begin{bmatrix}5 & 0 & 0\\0 & -1 & 0\\0 & 0 & -1\end{bmatrix}$.

11. (1) $a=5$，$b=6$；(2) $P=\begin{bmatrix}1 & 1 & 1\\-1 & 0 & -2\\0 & 1 & 3\end{bmatrix}$.

12. $\begin{bmatrix}0 & 1 & 1\\1 & 0 & -1\\1 & -1 & 0\end{bmatrix}$.

13. (1) $f=x_1^2+2x_2^2+3x_3^2+4x_1x_3+2x_2x_3$；

(2) $f=(x_1,\ x_2,\ x_3)\begin{bmatrix}2 & -2 & 0\\-2 & 1 & 2\\0 & 2 & 0\end{bmatrix}\begin{pmatrix}x_1\\x_2\\x_3\end{pmatrix}$；

(3) $f=(x_1,x_2,x_3)\begin{bmatrix}0 & -2 & 1\\ -2 & 0 & 1\\ 1 & 1 & 0\end{bmatrix}\begin{pmatrix}x_1\\ x_2\\ x_3\end{pmatrix}$.

14. $c=3$.

15. (1) $f=y_1^2+y_2^2+10y_3^2$; $\begin{pmatrix}x_1\\ x_2\\ x_3\end{pmatrix}=\begin{pmatrix}1/3 & -2/\sqrt{5} & 2/3\sqrt{5}\\ 2/3 & 1/\sqrt{5} & 4/3\sqrt{5}\\ -2/3 & 0 & 5/3\sqrt{5}\end{pmatrix}\begin{pmatrix}y_1\\ y_2\\ y_3\end{pmatrix}$;

(2) $f=2y_1^2+5y_2^2+y_3^2$; $\begin{pmatrix}x_1\\ x_2\\ x_3\end{pmatrix}=\begin{pmatrix}1 & 0 & 0\\ 0 & 1/\sqrt{2} & 1/\sqrt{2}\\ 0 & 1/\sqrt{2} & -1/\sqrt{2}\end{pmatrix}\begin{pmatrix}y_1\\ y_2\\ y_3\end{pmatrix}$.

16. (1) 负定；(2) 正定.

17. (1) $-4/5\leqslant t\leqslant 0$；(2) t 去任何值，该二次型都不是正定二次型.

习题六

1. (1) 是；(2) 是.
2. (1) 是；(2) 是；(3) 是；(4) 不是；
3. 坐标为 $(1,1,1)^{\mathrm{T}}$.
4. $\begin{pmatrix}y_1\\ y_2\\ y_3\end{pmatrix}=\begin{pmatrix}13 & 19 & 181/4\\ -9 & -13 & -63/2\\ 7 & 10 & 99/49\end{pmatrix}\begin{pmatrix}x_1\\ x_2\\ x_3\end{pmatrix}$.
5. (1) 不是；(2) 是；(3) 是；(4) 是；
6. (2) $\begin{bmatrix}1 & -1 & 0\\ 0 & 1 & -1\\ -1 & 0 & 1\end{bmatrix}$.
7. $B=\begin{bmatrix}-1 & 1 & -2\\ 2 & 2 & 0\\ 3 & 0 & 2\end{bmatrix}$

模拟试题一

1. 解. 考察行列式

$$\begin{vmatrix} 2 & -4 & -1 & -1 \\ -1 & -2 & 0 & 0 \\ 0 & 3 & 1 & 2 \\ 5 & 0 & k & 1 \end{vmatrix} = \begin{vmatrix} 2 & -8 & -1 & -1 \\ -1 & 0 & 0 & 0 \\ 0 & 3 & 1 & 2 \\ 5 & -10 & k & 1 \end{vmatrix}$$

$$= -\begin{vmatrix} -8 & -1 & -1 \\ 3 & 1 & 2 \\ -10 & k & 1 \end{vmatrix}$$

$$= -8 - 3k + 20 - 10 + 16k + 3 = 13k + 5 = 0.$$

所以，$k = -\dfrac{5}{13}$.

2. 解. $\begin{vmatrix} A_3 - 2A_1 \\ 3A_2 \\ A_1 \end{vmatrix} = 3\begin{vmatrix} A_3 - 2A_1 \\ A_2 \\ A_1 \end{vmatrix} = -3\begin{vmatrix} A_1 \\ A_2 \\ A_3 \end{vmatrix} = -3|A| = 6.$

3. 解. 由 $A^2 + 2A + 3E = 0$，得 $A(A + 2E) = -3E$. 所以 $|A||A + 2E| = |-3E| \neq 0$，于是 A 可逆. 由 $A^2 + 2A + 3E = 0$，得 $A + 2E + 3A^{-1} = 0$，$A^{-1} = -\dfrac{1}{3}(A + 2E)$

4. 解. 因为 $A\alpha_i = b$，且 $A(C_1\alpha_1 + C_2\alpha_2 + \cdots + C_s\alpha_s) = b$，所以 $(C_1 + \cdots + C_s)b = b$，$C_1 + \cdots + C_s = 1$.

5. 解. $B = 2A^3 - 3A^2$ 的特征值为：

$2 \cdot 1^3 - 3 \cdot 1^2 = -1$，$2 \cdot (-1)^3 - 3 \cdot (-1)^2 = -5$，$2 \cdot 2^3 - 3 \cdot 2^2 = 4$

6. 解. $A = \begin{bmatrix} 1 & t & -1 \\ t & 1 & 2 \\ -1 & 2 & 5 \end{bmatrix}$，$\begin{vmatrix} 1 & t \\ t & 1 \end{vmatrix} = 1 - t^2 > 0$，所以 $|t| < 1$

且 $\begin{vmatrix} 1 & t & -1 \\ t & 1 & 2 \\ -1 & 2 & 5 \end{vmatrix} = -4t - 5t^2 > 0$，$5t^2 + 4t < 0$，$-\dfrac{4}{5} < t < 0$

所以，当 $-\dfrac{4}{5} < t < 0$ 时，二次型

$f(x_1, x_2, x_3) = x_1^2 + x_2^2 + 5x_3^2 + 2tx_1x_2 - 2x_1x_3 + 4x_2x_3$

是正定的.

7. 解. 因为 A 可逆，存在可逆 P_A，Q_A 使 $P_AAQ_A=E$.

因为 B 可逆，存在可逆 P_B，Q_B 使 $P_BBQ_B=E$.

所以 $P_AAQ_A=P_BBQ_B$. 于是 $P_B^{-1}P_AAQ_AQ_B^{-1}=B$

令 $P=P_B^{-1}P_A$，　$Q=Q_AQ_B^{-1}$.（D）是答案.

8. 解. $AB=(E-\alpha^{\mathrm{T}}\alpha)(E+2\alpha^{\mathrm{T}}\alpha)=E-\alpha^{\mathrm{T}}\alpha+2\alpha^{\mathrm{T}}\alpha-2\alpha^{\mathrm{T}}\alpha\alpha^{\mathrm{T}}\alpha$

$=E.$　$(\alpha^{\mathrm{T}}\alpha=\frac{1}{2})$（C）是答案.

9. 解. 由定理：若原向量组线性无关，则由原向量组加长后的向量组也线性无关. 所以（B）是答案.

10. 解. 因为 ξ_1，ξ_2 的对应分量不成比例，所以 ξ_1，ξ_2 线性无关. 所以方程组 $Ax=0$ 的基础解系所含解向量个数大于 2.

（A）$A=\begin{bmatrix}1&2&3\\3&1&2\\2&1&1\end{bmatrix}$，$|A|=\begin{vmatrix}1&2&3\\3&1&2\\2&1&1\end{vmatrix}\neq0$，$r(A)=3$. 因为 A 是三阶矩阵，所以 $Ax=0$ 只有零解，排除（A）；

（B）$A=\begin{bmatrix}-1&2&1\\1&1&2\end{bmatrix}$，$r(A)=2$. 所以方程组 $Ax=0$ 的基础解系所含解向量个数：

$3-r(A)=1$. 排除（B）；

（C）$A=\begin{bmatrix}0&1&0\\0&2&0\\3&2&1\end{bmatrix}$，　$r(A)=2$. 所以方程组 $Ax=0$ 的基础解系所含解向量个数：

$3-r(A)=1$. 排除（C）；

（D）$A=\begin{bmatrix}0&-1&0\\0&2&0\end{bmatrix}$，$r(A)=1$. 所以方程组 $Ax=0$ 的基础解系所含解向量个数：

$3-r(A)=2$，（D）是答案.

11. 解. 因为 AB 矩阵为 $m\times m$ 方阵，所以未知数个数为 m 个. 又因为 $r(AB)\leqslant r(A)\leqslant n$，所以，当 $m>n$ 时，$r(AB)\leqslant r(A)\leqslant n<m$，即系数矩阵的秩小于未知数个数，所以方程组有非零解.（D）为答案.

12. 解. 因为齐次线性方程组 $(\lambda_0E-A)x=0$ 的基础解系为 η_1 和 η_2，所以

方程组$(\lambda_0E-A)x=0$的全部解为$C_1\eta_1+C_2\eta_2$(C_1, C_2为任意常数). 但特征向量不能为零, 则A的属于λ_0的全部特征向量是: $C_1\eta_1+C_2\eta_2$(C_1, C_2为不全为零的任意常数), (D)为答案.

13. 解. $A_{41}+A_{42}+A_{43}+A_{44}=\begin{vmatrix}1&-5&1&3\\1&1&3&4\\1&1&2&3\\1&1&1&1\end{vmatrix}$

$$=\begin{vmatrix}1&-6&0&2\\1&0&2&3\\1&0&1&2\\1&0&0&0\end{vmatrix}$$

$$=(-1)^{4+1}\begin{vmatrix}-6&0&2\\0&2&3\\0&1&2\end{vmatrix}$$

$$=-1\begin{vmatrix}-6&0&2\\0&2&3\\0&0&\frac{1}{2}\end{vmatrix}=6$$

14. 解. 令$\begin{cases}x_1=y_1-y_{2n},\ x_2=y_2-y_{2n-1},\ \cdots,\ x_n=y_n-y_{n-1}\\x_{2n}=y_1+y_{2n},\ x_{2n-1}=y_2+y_{2n-1},\ \cdots,\ x_{n+1}=y_n+y_{n+1}\end{cases}$

则$f(x_1,x_2,\cdots,x_{2n})=x_1x_{2n}+x_2x_{2n-1}+\cdots+x_nx_{n+1}=(y_1-y_{2n})(y_1+y_{2n})+(y_2-y_{2n-1})(y_2+y_{2n-1})+\cdots+(y_n-y_{n+1})(y_n+y_{n+1})=y_1{}^2+\cdots+y_n{}^2-y_{n+1}{}^2-\cdots-y_{2n}{}^2$

15 解: 在第二个方程组中求一组特解. 令$x_3=1$, 解得$x_4=-1$, $x_2=1$, $x_1=0$. 将该组特解代入第一个方程组中得: $a=2$, $b=4$, $c=4$.

16. 解: $AB-BA=\begin{bmatrix}1&-4&6\\-17&-17&3\\9&-18&16\end{bmatrix}$, $A^2-B^2=\begin{bmatrix}9&4&6\\-15&-15&9\\-3&26&-13\end{bmatrix}$

$B^{\mathrm{T}}A^{\mathrm{T}}=\begin{bmatrix}5&6&17\\-5&1&-3\\5&11&22\end{bmatrix}$

17. 解: $\begin{bmatrix}1&3&1&\vdots&0\\3&2&3&\vdots&-1\\-1&4&m&\vdots&k\end{bmatrix}\rightarrow\begin{bmatrix}1&3&1&\vdots&0\\0&-7&0&\vdots&-1\\0&7&m+1&\vdots&k\end{bmatrix}$

$$\rightarrow\begin{bmatrix}1 & 3 & 1 & \vdots & 0\\ 0 & -7 & 0 & \vdots & -1\\ 0 & 0 & m+1 & \vdots & k-1\end{bmatrix}$$

i. 当 $m\neq -1$ 时，$r(A)=r(\bar{A})=3$，方程组有唯一解；

ii. 当 $m=-1$，$k\neq 1$ 时，$r(A)\neq r(\bar{A})$，方程组无解；

iii. 当 $m=-1$，$k=1$ 时，$r(A)=r(\bar{A})=2<3$，方程组有无穷多解. 此时基础解系含解向量个数为 $3-r(A)=1$

齐次方程组：$\begin{cases}x_1+3x_2+x_3=0\\ 7x_2=0\end{cases}$，所以 $x_2=0$.

令 $x_3=1$，得 $x_1=-1$. 基础解系解向量为：$(-1,0,1)^{\mathrm{T}}$.

非齐次方程组：$\begin{cases}x_1+3x_2+x_3=0\\ 7x_2=1\end{cases}$，所以 $x_2=\frac{1}{7}$.

令 $x_3=0$，得 $x_1=-\frac{3}{7}$. 非齐次方程特解为：$\left(-\frac{3}{7},\frac{1}{7},0\right)^{\mathrm{T}}$.

通解为：$x=\begin{bmatrix}-\frac{3}{7}\\ \frac{1}{7}\\ 0\end{bmatrix}+k\begin{bmatrix}-1\\ 0\\ 1\end{bmatrix}$

18. 证明：$A^{\mathrm{T}}=-A$，$|A|=|A^{\mathrm{T}}|=|-A|=(-1)^n|A|=-|A|$（$n$ 为奇数）. 所以 $|A|=0$.

19. 证明：因为 $(A-B)^2=A+B$，所以 $(A-B)^3=(A-B)(A+B)=(A+B)(A-B)$

于是 $A^2-BA+AB-B^2=A^2+BA-AB-B^2$，所以 $AB=BA$

$(A-B)^2=A+B$，$A^2-AB-BA+B^2=A+B$

因为 $A^2=A$，$B^2=B$，所以 $2AB=0$，所以 $AB=BA=0$.

模拟试题二

1. 解. $\begin{vmatrix}a & b & 0\\ -b & a & 0\\ -1 & 0 & -1\end{vmatrix}=-1\begin{vmatrix}a & b\\ -b & a\end{vmatrix}=-(a^2+b^2)=0$. 所以 $a=b=0$.

2. 解. $|A-3B|=|-2\alpha_1 \quad -2\alpha_2 \quad -2\alpha_3 \quad \alpha-3\beta|$

$$= -8 \times \left| \alpha_1 \quad \alpha_2 \quad \alpha_3 \quad \alpha - 3\beta \right|$$
$$= -8 \times \left(\left| \alpha_1 \quad \alpha_2 \quad \alpha_3 \quad \alpha \right| - 3 \left| \alpha_1 \quad \alpha_2 \quad \alpha_3 \quad \beta \right| \right)$$
$$= -8(|A| - 3|B|) = 56$$

3. 解. 考察行列式

$$\begin{vmatrix} 2 & 1 & 0 & -1 \\ -1 & 2 & -5 & 3 \\ 3 & 0 & 3 & t \\ 0 & -2 & 4 & 0 \end{vmatrix} = \begin{vmatrix} 0 & 0 & 0 & -1 \\ -5 & 5 & -5 & 3 \\ 3 & t & 3 & t \\ 4 & -2 & 4 & 0 \end{vmatrix} = \begin{vmatrix} -5 & 5 & -5 \\ 3 & t & 3 \\ 4 & -2 & 4 \end{vmatrix}$$

$= -20t + 60 + 30 + 20t - 30 - 60 = 0.$

所以对任何 t, α_1, α_2, α_3, α_4线性相关.

4. 解. $A = \begin{bmatrix} 1 & 2 & 3 \\ 0 & 1 & 2 \\ 2 & -1 & 1 \end{bmatrix}$, $|A| = \begin{vmatrix} 1 & 2 & 3 \\ 0 & 1 & 2 \\ 2 & -1 & 1 \end{vmatrix} = 5 \neq 0$, 所以 $r(A) = 3$.

因为 $Ax = b$ 有解, 所以 $r\left(\begin{bmatrix} 1 & 2 & 3 \\ 0 & 1 & 2 \\ 2 & -1 & 1 \end{bmatrix}\right) = r\left(\begin{bmatrix} 1 & 2 & 3 & \vdots & \\ 0 & 1 & 2 & \vdots & b \\ 2 & -1 & 1 & \vdots & \end{bmatrix}\right)$

所以 $b = k_1\begin{bmatrix} 1 \\ 0 \\ 2 \end{bmatrix} + k_2\begin{bmatrix} 2 \\ 1 \\ -1 \end{bmatrix} + k_3\begin{bmatrix} 3 \\ 2 \\ 1 \end{bmatrix}$, 其中 k_1, k_2, k_3 为任意常数.

5. 解. A, A^{T} 具有相同的特征值. $B = A^{\mathrm{T}}$, 所以 B 和 A 具有相同的特征值. B 的特征值为: 2 和 1(二重).

6. 解. $f(x_1, x_2, x_3) = x_1^2 + 2x_2^2 + 3x_3^2 + 4x_1x_2 + 8x_1x_3 - 2x_2x_3$

7. 解. $\left| -2\begin{bmatrix} A^{\mathrm{T}} & 0 \\ 0 & B^{-1} \end{bmatrix} \right| = (-2)^{2n}|A||B|^{-1}$. (A)是答案.

8. 解. 若 $r(A) = n$, 则 A^{-1}存在. 由 $AB = 0$, 得 $B = 0$, 矛盾. 所以 $r(A) < n$. 同理 $r(B) < n$. (B)是答案.

9. 解. 由 $k_1\xi_1 + k_2(\xi_1 + \xi_2) + k_3(\xi_1 + \xi_2 + \xi_3) = 0$, 得

$(k_1 + k_2 + k_3)\xi_1 + (k_2 + k_3)\xi_2 + \xi_3 k_3 = 0$. 因为 ξ_1, ξ_2, ξ_3 是 $Ax = 0$ 的基础解系, 所以 ξ_1, ξ_2, ξ_3 线性无关. 于是

$\begin{cases} k_1 + k_2 + k_3 = 0 \\ k_2 + k_3 = 0 \\ k_3 = 0 \end{cases}$, 所以 $k_1 = k_2 = k_3 = 0$, 则 ξ_1, $\xi_1 + \xi_2$, $\xi_1 + \xi_2 + \xi_3$ 线性无

关. 它也可以是方程组的基础解系. (C)是答案.

(A)不是答案. 例如 ξ_1, ξ_2, ξ_3 和 $\xi_1, \xi_2, \xi_3, \xi_1+\xi_2$ 等价, 但 $\xi_1, \xi_2, \xi_3, \xi_1+\xi_2$ 不是基础解系.

10. 解. 假设 $\lambda_1, \lambda_2, \cdots, \lambda_n$ 为 A 的所有特征值, 则 $|A| = \lambda_1\lambda_2\cdots\lambda_n$. 所以:

0 为 A 的特征值$\Leftrightarrow A$ 可逆

(C)为答案.

11. 解. $A \sim B$, 则存在可逆方阵 P, 使得 $P^{-1}AP = B$. 所以

$$|\lambda E - B| = |\lambda E - P^{-1}AP| = |P^{-1}||\lambda E - A||P| = |\lambda E - A|$$

所以 A, B 的有相同的特征方程, (B)是答案.

12. 解. (D)是答案. 一阶主行列式为 2, 二阶主行列式为 $\begin{vmatrix} 2 & 0 \\ 0 & 1 \end{vmatrix} = 2$, 三阶主行列式为 $\begin{vmatrix} 2 & 0 & 0 \\ 0 & 1 & 2 \\ 0 & 2 & 5 \end{vmatrix} = 10 - 8 = 2$.

13. 解. $|A| = \begin{vmatrix} 1 & 0 & 0 \\ 0 & k & 0 \\ 1 & -1 & 1 \end{vmatrix} = k \neq 0$

$$\begin{bmatrix} 1 & 0 & 0 & \vdots & 1 & 0 & 0 \\ 0 & k & 0 & \vdots & 0 & 1 & 0 \\ 1 & -1 & 1 & \vdots & 0 & 0 & 1 \end{bmatrix} \to \begin{bmatrix} 1 & 0 & 0 & \vdots & 1 & 0 & 0 \\ 0 & 1 & 0 & \vdots & 0 & 1/k & 0 \\ 0 & -1 & 1 & \vdots & -1 & 0 & 1 \end{bmatrix}$$

$$\to \begin{bmatrix} 1 & 0 & 0 & \vdots & 1 & 0 & 0 \\ 0 & 1 & 0 & \vdots & 0 & 1/k & 0 \\ 0 & 0 & 1 & \vdots & -1 & 1/k & 1 \end{bmatrix}$$

所以 $A^{-1} = \begin{bmatrix} 1 & 0 & 0 \\ 0 & 1/k & 0 \\ -1 & 1/k & 1 \end{bmatrix}$

14. 解

$$.\begin{bmatrix} 1 & 0 & 1 & \vdots & \lambda \\ 4 & 1 & 2 & \vdots & \lambda+2 \\ 6 & 1 & 4 & \vdots & 2\lambda+3 \end{bmatrix} \to \begin{bmatrix} 1 & 0 & 1 & \vdots & \lambda \\ 0 & 1 & -2 & \vdots & -3\lambda+2 \\ 0 & 1 & -2 & \vdots & -4\lambda+3 \end{bmatrix}$$

$$\to \begin{bmatrix} 1 & 0 & 1 & \vdots & \lambda \\ 0 & 1 & -2 & \vdots & -3\lambda+2 \\ 0 & 0 & 0 & \vdots & -\lambda+1 \end{bmatrix}$$

iii. 当 $-\lambda+1=0$，$\lambda=1$ 时，$r(A)=r(\bar{A})=2<3$，方程组有无穷多解. 此时基础解系含解向量个数为 $3-r(A)=1$

齐次方程组：$\begin{cases}x_1+x_3=0\\x_2-2x_3=0\end{cases}$，

令 $x_3=1$，得 $x_2=1$，$x_1=0$. 基础解系解向量为：$(-1, 2, 1)^T$.

非齐次方程组：$\begin{cases}x_1+x_3=1\\x_2-2x_3=-1\end{cases}$，

令 $x_3=0$，得 $x_1=1$，$x_2=-1$. 非齐次方程特解为：$(1, -1, 0)^T$.

通解为：$x=\begin{bmatrix}1\\-1\\0\end{bmatrix}+k\begin{bmatrix}-1\\2\\1\end{bmatrix}$

15. 解. i. $A=\begin{bmatrix}11&8&2\\8&5&-10\\2&-10&2\end{bmatrix}$

$$|A-\lambda E|=\begin{vmatrix}11-\lambda&8&2\\8&5-\lambda&-10\\2&-10&2-\lambda\end{vmatrix}=-\lambda^3+18\lambda^2+81\lambda-1458=0$$

解得：$\lambda_1=9$，$\lambda_2=18$，$\lambda_3=-9$

所以可用正交变换将原二次型化成以下标准型：

$f(y_1, y_2, y_3)=9{y_1}^2+18{y_2}^2-9{y_3}^2$

ii. $A=\begin{bmatrix}1&2&2\\2&1&2\\2&2&1\end{bmatrix}$

$$|A-\lambda E|=\begin{vmatrix}1-\lambda&2&2\\2&1-\lambda&2\\2&2&1-\lambda\end{vmatrix}=(1-\lambda)^3-12(1-\lambda)+16=0$$

解得：$\lambda_{1,2}=-1$，$\lambda_3=5$

所以可用正交变换将原二次型化成以下标准型：

$f(y_1, y_2, y_3)=-{y_1}^2-{y_2}^2+5{y_3}^2$

16. 解. $A^2=\begin{bmatrix}1&0&1\\0&2&0\\0&0&1\end{bmatrix}\begin{bmatrix}1&0&1\\0&2&0\\0&0&1\end{bmatrix}=\begin{bmatrix}1&0&2\\0&4&0\\0&0&1\end{bmatrix}$

$$A^2-9E=\begin{bmatrix}-8&0&2\\0&-5&0\\0&0&-8\end{bmatrix},\quad A+3E=\begin{bmatrix}4&0&1\\0&5&0\\0&0&4\end{bmatrix}$$

$$\left[\begin{array}{ccc|ccc}4&0&1&1&0&0\\0&5&0&0&1&0\\0&0&4&0&0&1\end{array}\right]\to\left[\begin{array}{ccc|ccc}4&0&1&1&0&0\\0&5&0&0&1&0\\0&0&1&0&0&\frac{1}{4}\end{array}\right]$$

$$\to\left[\begin{array}{ccc|ccc}4&0&0&1&0&-\frac{1}{4}\\0&5&0&0&1&0\\0&0&1&0&0&\frac{1}{4}\end{array}\right]$$

$$\to\left[\begin{array}{ccc|ccc}1&0&0&\frac{1}{4}&0&-\frac{1}{16}\\0&1&0&0&\frac{1}{5}&0\\0&0&1&0&0&\frac{1}{4}\end{array}\right],$$

$$(A+3E)^{-1}=\begin{bmatrix}\frac{1}{4}&0&-\frac{1}{16}\\0&\frac{1}{5}&0\\0&0&\frac{1}{4}\end{bmatrix}$$

$$(A+3E)^{-1}(A^2-9E)=\begin{bmatrix}\frac{1}{4}&0&-\frac{1}{16}\\0&\frac{1}{5}&0\\0&0&\frac{1}{4}\end{bmatrix}\begin{bmatrix}-8&0&2\\0&-5&0\\0&0&-8\end{bmatrix}$$

$$=\begin{bmatrix}-2&0&1\\0&-1&0\\0&0&-2\end{bmatrix}$$

17. 解. $|A-\lambda E|=\begin{vmatrix}-3-\lambda&-1&2\\0&-1-\lambda&4\\t&0&1-\lambda\end{vmatrix}=(3+\lambda)(1-\lambda^2)-4t+2t$

$(1+\lambda)=0$

当 $\lambda=1$ 时，$-4t+4t=0$. 所以 t 为任意实数.

i. $t\neq0$，$\lambda=1$ 时

$$A-\lambda E=\begin{bmatrix}-4&-1&2\\0&-2&4\\t&0&0\end{bmatrix}\to\begin{bmatrix}-4&-1&2\\0&-2&4\\1&0&0\end{bmatrix}$$

$$\to\begin{bmatrix}0&-1&2\\0&-2&4\\1&0&0\end{bmatrix}\to\begin{bmatrix}0&1&-2\\0&0&0\\1&0&0\end{bmatrix}$$

所以 $r(A-\lambda E)=2$. 方程组 $(A-\lambda E)x=0$ 基础解系所含解向量个数为 $3-r(A-\lambda E)=3-2=1$

相应的方程组为 $\begin{cases}x_2-2x_3=0\\x_1=0\end{cases}$. 取 $x_3=1$，得 $x_2=2$. 所以解向量为 $\begin{bmatrix}0\\2\\1\end{bmatrix}$，对应于 $\lambda=1$ 的全部特征向量为 $k\begin{bmatrix}0\\2\\1\end{bmatrix}$；

ii. $t=0$，$\lambda=1$ 时

$$A-\lambda E=\begin{bmatrix}-4&-1&2\\0&-2&4\\0&0&0\end{bmatrix}\to\begin{bmatrix}4&1&-2\\0&1&-2\\0&0&0\end{bmatrix}\to\begin{bmatrix}4&0&0\\0&1&-2\\0&0&0\end{bmatrix}\to\begin{bmatrix}1&0&0\\0&1&-2\\0&0&0\end{bmatrix}$$

所以 $r(A-\lambda E)=2$. 方程组 $(A-\lambda E)x=0$ 基础解系所含解向量个数为 $3-r(A-\lambda E)=3-2=1$

相应的方程组为 $\begin{cases}x_1=0\\x_2-2x_3=0\end{cases}$. 取 $x_3=1$，得 $x_2=2$. 所以解向量为 $\begin{bmatrix}0\\2\\1\end{bmatrix}$，对应于 $\lambda=1$ 的全部特征向量为 $k\begin{bmatrix}0\\2\\1\end{bmatrix}$.

18. 解. 因为 A，B，$A+B$ 为正交矩阵，所以 $(A+B)^{\mathrm{T}}=(A+B)^{-1}$，$A^{\mathrm{T}}=A^{-1}$，$B^{\mathrm{T}}=B^{-1}$

所以 $(A+B)^{-1}=(A+B)^{\mathrm{T}}=A^{\mathrm{T}}+B^{\mathrm{T}}=A^{-1}+B^{-1}$

19. 证明：由题设知：$A\eta_i=\lambda_1\eta_i(i=1,2,\cdots,r)$；$A\xi_j=\lambda_2\xi_j(j=1,2,\cdots,s)$

假设 $k_1\eta_1+\cdots+k_r\eta_r+k_{r+1}\xi_1+\cdots+k_{r+s}\xi_s=0$,

所以 $A(k_1\eta_1+\cdots+k_r\eta_r)+A(k_{r+1}\xi_1+\cdots+k_{r+s}\xi_s)=0$

于是 $\lambda_1(k_1\eta_1+\cdots+k_r\eta_r)+\lambda_2(k_{r+1}\xi_1+\cdots+k_{r+s}\xi_s)=0$

所以 $\lambda_1(k_1\eta_1+\cdots+k_r\eta_r)-\lambda_2(k_1\eta_1+\cdots+k_r\eta_r)=0$

所以 $(\lambda_1-\lambda_2)(k_1\eta_1+\cdots+k_r\eta_r)=0$

因为 $\lambda_1\neq\lambda_2$, 所以 $k_1\eta_1+\cdots+k_r\eta_r=0$

因为 $\eta_1, \eta_2, \cdots, \eta_r$ 线性无关, 所以 $k_1=k_2=\cdots=k_r=0$

所以 $k_{r+1}\xi_1+\cdots+k_{r+s}\xi_s=0$

因为 $\xi_1, \xi_2, \cdots, \xi_s$ 线性无关, 所以 $k_{r+1}=k_{r+2}=\cdots=k_{r+s}=0$

即 $\eta_1, \cdots, \eta_r, \xi_1, \cdots, \xi_s$ 线性无关.

参考文献

[1] 吴天毅等. 线性代数. 天津：南开大学出版社，2005
[2] 同济大学数学教研室. 工程数学：线性代数. 第三版. 北京：高等教育出版社，1999
[3] 刘金旺等. 线性代数. 上海：复旦大学出版社，2006
[4] 王尚平. 线性代数. 北京：机械工业出版社，2001
[5] 胡建等. 线性代数. 北京：化学工业出版社，2006

图书在版编目(CIP)数据

线性代数/严希文主编.—长沙:中南大学出版社,2013.8
ISBN 978-7-5487-0862-9

Ⅰ.线...　Ⅱ.严...　Ⅲ.线性代数-高等学校-教材
Ⅳ.O151.2

中国版本图书馆 CIP 数据核字(2013)第 094260 号

线性代数

严希文　主编

□**责任编辑**　谭　平
□**责任印制**　周　颖
□**出版发行**　中南大学出版社
社址:长沙市麓山南路　　邮编:410083
发行科电话:0731-88876770　　传真:0731-88710482
□**印　　装**　长沙市华中印刷厂

□**开　　本**　720×1000　B5　□**印张** 12　□**字数** 217 千字
□**版　　次**　2013 年 8 月第 1 版　□2013 年 8 月第 1 次印刷
□**书　　号**　ISBN 978-7-5487-0862-9
□**定　　价**　28.00 元